国家林业和草原局职业教育"十四五"规

园林设计

周　军　朱志国 ◎主编

中国林业出版社
China Forestry Publishing House

内容简介

本教材根据高等职业教育专科园林类专业教学内容和课程体系改革要求进行编写。教材共包括6个项目，项目1和项目2是对园林设计及其各构成要素进行概括性说明，项目3至项目6是对中、小尺度公园绿地，道路、广场绿地，单位附属绿地，居住区绿地设计要点进行详细论述。本教材采用任务驱动式编写体例，每个项目以工作任务为主线、实践案例为辅助，通过任务分析阐明基本设计思路，以提高学生的设计能力，使理论知识点的编写围绕设计任务展开，将复杂问题简单化，指导学生完成具体工作任务，在知识拓展和数字化资源中对原有知识进行延展、补充和强化，最后通过巩固训练检验学习成果，提升知识转化能力。

本教材既可作为高等职业教育园林技术、风景园林设计、园林工程技术等专业教材，也可供园林相关部门的生产和科研工作者参考，或作为园林从业人员的技能培训教材。

图书在版编目（CIP）数据

园林设计／周军，朱志国主编. —北京：中国林业出版社，2022.12（2024.7 重印）
国家林业和草原局职业教育"十四五"规划教材
ISBN 978-7-5219-2047-5

Ⅰ.①园… Ⅱ.①周… ②朱… Ⅲ.①园林设计–职业教育–教材 Ⅳ.①TU986.2

中国版本图书馆 CIP 数据核字（2022）第 254345 号

策划编辑：田　苗
责任编辑：田　苗　郑雨馨
责任校对：苏　梅
封面设计：时代澄宇
————————————————
出版发行：中国林业出版社
　　　　　（100009，北京市西城区刘海胡同 7 号，电话 83223120）
电子邮箱：cfphzbs@163.com
网址：www.forestry.gov.cn/lycb.html
印刷：北京中科印刷有限公司
版次：2022 年 12 月第 1 版
印次：2024 年 7 月第 2 次
开本：787mm×1092mm　1/16
印张：13.25
字数：312 千字
定价：68.00 元

数字资源

《园林设计》
编写人员

主　　编　周　军　朱志国

副 主 编　王梦茜　许　娟　于　宁

编写人员（按姓氏拼音排序）

程奕菲（苏州农业职业技术学院）

郭　玲（江西环境工程职业学院）

李晨颖（苏州农业职业技术学院）

沈　洲（苏州农业职业技术学院）

孙　雪（苏州农业职业技术学院）

陶　冶（芜湖职业技术学院）

王梦茜（苏州农业职业技术学院）

王梦雨（江苏农牧科技职业学院）

吴　玫（江西环境工程职业学院）

吴凡吉（苏州农业职业技术学院）

许　娟（安徽林业职业技术学院）

杨　海［悉地（苏州）勘察设计顾问有限公司］

姚　岚（苏州农业职业技术学院）

丁　宁（国家林业和草原局管理干部学院）

曾　瑶（国家林业和草原局管理干部学院）

赵宇丹（苏州农业职业技术学院）

郑　玥（苏州农业职业技术学院）

周　辉（苏州农业职业技术学院）

周　军（苏州农业职业技术学院）

朱志国（芜湖职业技术学院）

邹卫妍（苏州农业职业技术学院）

前　言

　　本教材根据高等职业教育专科园林类专业教学内容和课程体系改革的要求进行编写。教材内容紧密结合园林岗位的技能要求，在培养学生掌握各类中、小型绿地的设计方法和应用能力的基础上，通过引入最新的国内已建成实际项目作为案例辅助参考，帮助学生了解市场发展要求，树立与时俱进的设计理念。

　　本教材的核心内容按照园林设计中主要的园林要素和常见的园林类型分成 6 个项目。项目 1 和项目 2 是对园林设计及其各构成要素进行概括性说明，项目 3 至项目 6 是对中、小尺度公园绿地，道路、广场绿地，单位附属绿地，居住区绿地设计要点进行详细论述。各项目中的任务选择既满足了学生的专业技能需求，又体现了政策导向和行业发展方向，如"任务 2-2　乡村共享空间景观设计"紧密贴合国家"建设宜居宜业和美乡村"的要求，是景观设计行业的新风向。本教材采用任务驱动式编写体例，每个项目以工作任务为主线、实践案例为辅助，通过任务分析阐明基本设计思路，以提高学生的设计能力，使理论知识点的编写围绕设计任务展开，将复杂问题简单化，指导学生完成具体工作任务，在知识拓展和数字化资源中对原有知识进行延展、补充和强化，最后通过巩固训练检验学习成果，提升知识转化能力。

　　本教材由周军、朱志国担任主编，王梦茜、许娟、于宁担任副主编。具体编写分工如下：周军、吴凡吉、赵宇丹、于宁编写项目 1；周军、赵宇丹、吴凡吉、郑玥、周辉编写项目 2；郭玲、沈洲、王梦雨、吴玫编写项目 3；邹卫妍、王梦茜、程奕菲、姚岚编写项目 4；朱志国、许娟、陶冶编写项目 5，孙雪、李晨颖、曾瑶编写项目 6；悉地（苏州）勘察设计顾问有限公司杨海院长提供部分数字资源素材。

　　本教材在编写过程中参考了国内外有关著作、论文等资料，在此谨向相关作者深表谢意。由于编者水平所限，加之时间仓促，书中难免有疏漏或错误之处，敬请广大读者给予批评指正。

编者

2022.11

目录

项目 1 园林设计认知

学习目标

【知识目标】

(1) 了解园林设计的基本要素；

(2) 掌握园林绿地设计的营造方法；

(3) 掌握园林设计的目的、本质及特征。

【技能目标】

(1) 能够认识并理解园林的基本要素特征及设计手法；

(2) 能够从园林设计的角度理解空间布局等营造手法。

【素质目标】

(1) 通过对园林设计背景知识资料的查阅、收集和总结，培养学生自主学习的能力；

(2) 通过任务的分析、实施、检查等步骤的实施，培养学生独立分析和解决实际问题的能力；

(3) 在任务的进行过程中，以小组合作的形式，培养学生团队意识和合作精神。

任务 1-1 认识园林设计

工作任务

【任务描述】

以"我眼中的园林设计"为题展开主题讨论：要求通过思考、归纳提炼、交流分享加深对园林的认知，明确园林设计课程的学习思路与方式方法。课后完成一篇不少于800字的主题讨论心得体会。

【任务分析】

每人就两个主题进行思考，并在便利贴上撰写关键词，就关键词展开交流汇报。

【工具材料】

便利贴、笔、学习笔记。

🍃 知识准备

1. 认识园林

1) 园林的定义

园林是在一定地域内用工程技术和艺术手段，通过因地制宜改造地形、整治水系、栽种植物、营造建筑和布置园路等方法创作而成的优美的生态环境、良好的自然环境和游憩环境。

2）园林的功能

园林是面对户外空间环境，以生态环境、功能活动和文化审美为主要内容，受多学科交叉影响的综合性学科，生态功能、使用功能、社会功能是其最主要的3个功能。

①生态功能 净化空气、水体和土壤；改善城市小气候；降低噪声；维持城市生物多样性。

②使用功能 包括娱乐健身、社会交往、观光游览、度假疗养、科普教育。

③社会功能 提供休憩场所，提高居民生活质量；创造城市景观，形成良好城市风貌。

3）园林的布局形式与特征

（1）规则式园林

规则式园林又称整形式、几何式、对称式园林，整个园林及各景区景点皆表现出人为控制下的几何图案美。园林题材的组合在构图上呈几何形体，在平面规划上有明显中轴线，在整体布局中为前后、左右对称。园地划分时多采用几何形体，其园路多采用直线形；广场、水池、花坛多采用几何形体；植物配置多采用对称式，株、行距明显均一，花木整形修剪成一定图案，园内行道树整齐、端直、美观。西方园林主要以规则式为主，其中又以文艺复兴时期意大利台地园和19世纪法国平面几何图案式园林为代表（图1-1）。规则式园林有以下主要特征：

①中轴线 全园在平面规划上有明显的中轴线，并大抵依照中轴线对称或拟对称布置，园地的划分大多为几何形体。

②地形 在较开阔平坦地段，由不同高程的水平面及缓倾斜的平面组成；在山地及丘陵地段，由阶梯式的大小不同的水平台地倾斜平面及石级组成，其剖面均由直线组成。

③水体 其外形轮廓均为几何形，主要是圆形和长方形，水体的驳岸多经过整形、垂直。水体的类型有几何形水池、几何形瀑布、喷泉、壁泉及水渠等。

④植物 配合中轴对称的总格局，全园树木配置以等距离行列式、对称式为主，树木

图1-1 法国凡尔赛宫苑

修剪整形多模拟建筑形体、动物造型，绿篱、绿墙、绿门、绿柱为规则式园林较突出的形式。园内常运用大量的绿篱、绿墙和树丛划分及组织空间，花卉常布置为图案式花坛和花带，有时布置成大规模的花坛群。

⑤园林建筑　主体建筑组群和单体建筑多采用中轴对称均衡设计，多以主体建筑群和次要建筑群形成与广场、道路相结合的主轴、副轴系统，形成控制全园的总格局。

⑥园林小品　园林雕塑、园灯、栏杆等装饰，点缀了园林。西方园林中的雕塑主要以神话或历史人物雕像布置于室外，并且多配置于轴线的起点、交点和终点。雕塑常与喷泉、水池构成水体的主景。

⑦广场与道路　广场多呈规则对称的几何形，主轴和副轴线上的广场形成主次分明的系统；道路均为直线形、折线形或几何曲线形。广场与道路构成方格形、环状放射形、中轴对称或不对称的几何布局。

总体来说，规则式园林的营造中，轴线多被视为主体建筑的室内中轴线向室外的延伸。一般情况下，主体建筑主轴线和室外园林轴线是一致的。

（2）自然式园林

中国园林从周朝开始，经过历代的发展，无论是皇家宫苑还是私家宅园，都是以自然山水园林为源流。发展到清代、保留至今的皇家园林如北京颐和园和圆明园、承德避暑山庄，私家宅园如苏州拙政园(图 1-2)、网师园等都是自然山水园林的代表作品。自然式园林于公元 6 世纪传入日本，18 世纪后半叶传入英国。自然式园林的主要特征如下：

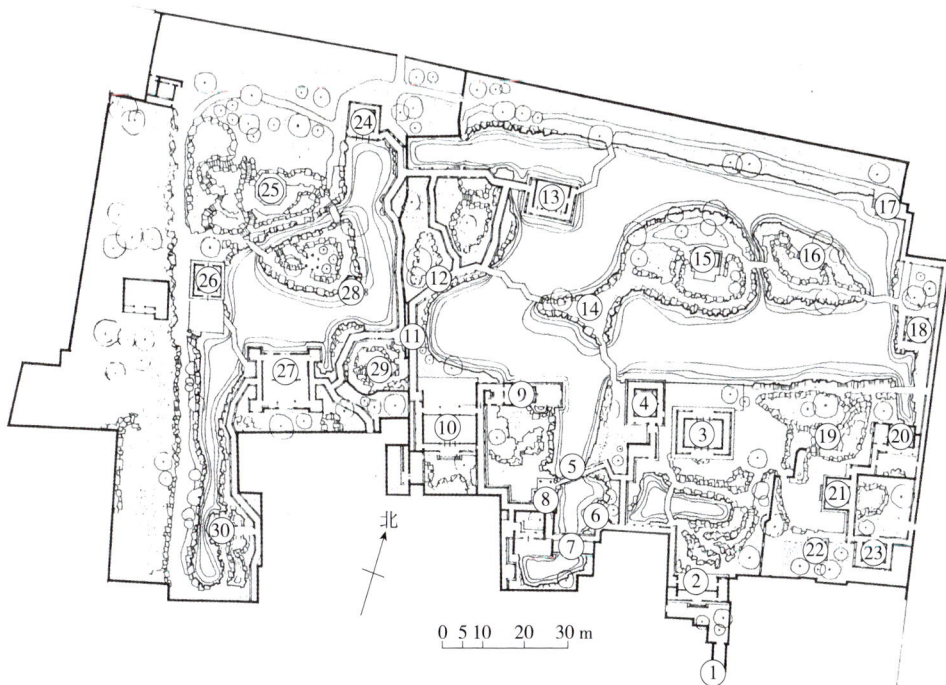

1—园门　2—腰门　3—远香堂　4—倚玉轩　5—小飞虹　6—松风亭　7—小沧浪　8—得真亭　9—香洲　10—玉兰堂
11—别有洞天　12—柳荫曲路　13—见山楼　14—荷风四面亭　15—雪香云蔚亭　16—北山亭　17—绿漪亭
18—梧竹幽居　19—绣绮亭　20—海棠春坞　21—玲珑馆　22—嘉实亭　23—听雨轩　24—倒影楼　25—浮翠阁
26—留听阁　27—三十六鸳鸯馆　28—与谁同坐轩　29—宜两亭　30—塔影亭

图 1-2　拙政园平面图

①地形　自然式园林的创作讲究"相地合宜，构园得体"。主要处理地形的手法是"高方欲就亭台，低凹可开池沼"的"得景随形"。自然式园林最主要的地形特征是"自成天然之趣"，所以在园林中，要求再现自然界的山峰、山巅、崖、冈、岭、峡、岬、谷、坞、坪、洞、穴等地貌景观。在平原，要求有自然起伏、和缓的微地形，地形的剖面为自然曲线。

②水体　这种园林的水体讲究"疏源之去由，察水之来历"，园林水景的主要类型有湖、池、潭、沼、汀、溪、涧、洲、渚、港、湾、瀑布、跌水等。总之，水体要再现自然界水景。水体的轮廓为自然曲折，水岸为自然曲线的倾斜坡度，驳岸主要用自然山石驳岸、石矶等形式。在建筑附近或根据造景需要，也有部分用条石砌成直线或折线驳岸。

③植物　自然式园林植物种植要求反映自然界植物群落之美，不成行成排栽植。树木以孤植、丛植、群植、林植为主要种植形式。花卉的布置以花丛、花群为主要形式，庭院内也有花台的应用形式。

④园林建筑与小品　单体建筑多为对称或不对称的均衡布局；建筑群或大规模建筑组群多采用不对称均衡布局。全园不以轴线控制，但局部仍有轴线处理。中国自然式园林中的建筑小品类型有亭、廊、榭、舫、楼、阁、轩、馆、台、塔、厅、堂、桥等。

⑤广场与道路　建筑前广场通常为规则式，而园林空旷地和沿水边广场的外形轮廓通常为自然式。道路的走向、布列多随地形设计，道路的平面和剖面多为自然的、起伏曲折的平曲线和竖曲线。

（3）混合式园林

混合式园林主要指规则式园林与自然式园林交错组合，全园没有或未形成控制全园的主中轴线和副轴线，只有局部景区、建筑以中轴对称布局，或全园没有明显的自然山水骨架，无法形成自然格局。多结合地形，在原地形平坦处采用规则式布局；在原地形条件较复杂，有起伏的丘陵、山谷、洼地等处，采用自然式布局。

2. 认识园林设计

1）园林设计的含义

陈从周在《说园》中提道："中国园林是由建筑、山水、花木等组合而成的一个综合艺术品，富有诗情画意。叠山理水要造成'虽由人作、宛自天开'的境界。"

园林设计就是在一定的地域范围内，运用园林艺术和工程技术手段，通过改造地形（或进一步筑山、叠石、理水），种植树木、花草，营造建筑和布置园路等途径创作而建成美的自然环境和生活、游憩境域的过程。

园林设计涉及的知识面较广，包含文学、艺术、生物、生态、工程、建筑等诸多领域，同时，又要求综合各学科的知识统一于园林艺术之中。

2）园林设计程序

（1）前期准备阶段

①研读任务书　任务书是确定建设项目和编制设计文件的重要依据。任务书说明了建设的要求、目的、内容和项目概况、设计期限等。按照规定，没有经过批准的设计任务

书，设计单位不能进行设计。在进行园林设计前需要以严谨的态度去认真研读任务书，明确建设方案的规划设计意图、建设规模、总体布置中有关设施的主要技术指标、建设征用土地范围、面积、数量、建设条件与期限等。

②组建设计团队　园林设计需要团队人员的共同努力才能高效且专业地完成设计任务，因此在开展设计之前需要根据不同类型项目的需求，进行团队组建和任务分工。

③资料收集、工具准备　在开展基地调研前应当做到知己知彼，首先对于不同类型设计项目进行知识准备，就其基本概念、设计内容、标准规范、国内外研究进展、优秀案例等相关资料进行梳理；然后准备该设计项目所需工具，除绘图、渲染所需设备与软件等以外，还需根据项目实地情况，选择调研数据所需收集工具，如激光测距仪、无人机、便携式水位计等。

（2）基地调研与分析阶段

园林拟建设用地又称基地，它是由自然条件和人类活动共同作用所形成的复杂空间，基地的建设与外部环境有着密切的联系。在进行园林设计之前应对基地进行全面、系统的现场勘查、调研以及分析，从而为设计提供全方位的可靠依据。

①基地现状调研　基地现状调研包括基地有关技术资料的收集、实地踏勘与测量两部分工作。在信息技术高度发达的今天，资料收集的途径逐渐多样化，除了依靠相关部门提供资料外，还可以通过互联网查询和收集各类所需资料与资源，如基地所在地区的气象资料、基地地形及现状图、管线资料、城乡规划资料等。对难以查询但又是设计所必需的资料，可通过实地调查、勘测得到，如基地及环境的总体现状、基地小气候条件等。若现有资料精度不够、不完整或与现状有出入，则应重新勘测或补测。

基地现状调查的内容可分为：
- 地形、水体、土壤、植被等基地自然条件；
- 日照、温度、风、降水、小气候等气象资料；
- 道路和广场、各种管线、设施、建筑物及构筑物等；
- 具有地域特色的自然资源、历史文化资源、旅游资源等；
- 空间界面、空间形态以及景观视线等现状条件。

现状调查并不需要将所有的内容都调查清楚，应根据基地的规模、内外环境和使用目的分清主次，抓主要矛盾点深入详尽地调查，有的放矢。

②基地调研分析　调研是手段，分析是目的，基地分析在整个设计过程中起着举足轻重的作用。基地调研分析是在客观调查和主观评价的基础上，对基地及其环境的各种因素，进行综合分析与评价，使基地的潜力得到充分发挥。

深入细致地进行基地分析有助于系统性地审视整个设计项目，从而发现场地中亟待解决的关键问题，并在方案分析过程中提炼设计构思、梳理设计思路。

基地分析内容包括区位分析、场地现状分析（用地性质分析、现状交通分析、现状水系分析、现状植物分析、现状建筑分析等）。

（3）初步设计阶段

①主题立意与技术路线　通过充分的前期准备和基地现状数据及资料的梳理和分析，拟定项目定位与主题立意，即可把握设计项目的主要矛盾，针对关键问题提炼有效的解决

策略，并形成相对合理的技术路线。技术路线由发现问题、分析问题、解决问题3个部分组成，每个部分将根据基地现况，具体问题具体分析进行细化，从而有针对性地拟定科学有效的园林设计策略，给予场地环境最大限度的提升与改善，促使人居环境和谐统一。

②文本制作与专家评审　以梳理出的技术路线为依据，将凝练的文字转化为图示语言，通过平面图、立面图、剖面图、分析图、效果图、专项设计图等，同时结合文字说明，形成项目设计文本。文本内容经过团队反复推敲、打磨完善，在甲方组织下开展专家评审会议，设计团队将根据专家的意见建议，进行修改与深化，直至得到甲方和各位专家的认可。

3. 园林设计原理

1) 园林设计基本原则

(1) 适地适景、相地合宜原则

园林设计要以基地所在不同区域特有的自然资源与历史文化资源为重要的设计依据，通过细致的场地调研分析，适地适景地组织园林构成要素。对场地内现存的园林要素进行合理且巧妙的重组，并使它们以全新的面貌呈现，激发出场地更为丰富的实用与审美功能，因地制宜地进行创新设计，避免模板化套用、千篇一律。

(2) 尊重自然、以人为本原则

人性化的空间，是指能满足人们舒适、轻松、愉悦、亲切、安全等体验的空间。园林设计应以人为本，为人们提供休憩的空间，满足不同使用者的基本需求，关注普通人的空间体验。在空间营造时要坚持尊重自然，以最小人为干预为原则，通过重组园林构成要素增加人与自然的联系与沟通。

(3) 生态发展可持续原则

充分发挥园林天然氧吧、空调器、隔音板的作用，在设计中顺应自然，坚持以乡土植物为主，有效地利用植物的生物学特性，使其在净化空气、调节气候、减少噪声、保持水土等方面发挥作用，持续地改善生态条件。

(4) 科学性与艺术性的双重原则

园林空间往往是由多个要素组成的综合体，其景观空间的构成要素包括地形、水体植物、地面铺装、园林建筑与小品等，这些构成要素之间既要组织得科学合理，又要在色彩、造型、质感上具有艺术性。我们常说园林设计是科学的艺术，其具有科学性与艺术性的双重属性。为了妥善处理科学与艺术的关系，使园林空间既能满足大众的功能性需求，又具有鲜明的时代性和艺术性，作为园林设计师需要遵循科学性与艺术性的双重原则，对它们进行构思、设计并进而实施、建造。将园林设计与现代艺术、现代科学等相结合，创造出具有合理使用功能、良好经济效益和较高品位的高质量园林空间。

2) 园林造景手法

(1) 主景与配景

俗话说"红花还需绿叶衬"，园林空间当中，景无论大小，均有主景与配景之分。在整

个园林空间当中，主景是构图的中心、全园的重点。主景体现着园林的主体功能与主题，是园林核心所在，是全园视线的控制焦点，具有压倒群芳的气势，在艺术上富有感染力。园林的主景根据其区位的选择和尺度比例，可分为两种，一种是全园的主景；另一种是局部空间的主景。主景和配景的关系有时又是相对的。如图 1-3 所示，园林空间中没有主景与配景的区分，均质的景点分布使得园林空间没有层次、大大降低游览者的观赏体验；明确的主景、配景界定会提升空间的韵律与节奏感，极大地调动游览者的观赏内驱力，使得游览者拥有良好的观赏体验，如图 1-4 所示。总之，配景对主景起衬托作用，可通过配景突出主景及其艺术效果。

图 1-3 无主次景观之分的园林空间

图 1-4 有主次景观之分的园林空间

现代园林突出主景的方法主要有主体升高、运用轴线和视线焦点、设置空间构图重心、抑扬等几种，其中主体升高、设置空间构图重心运用得比较多。

①主体升高 现代园林设计中，为了突出主景，可利用竖向增高使主景在空间上加以突出，明确构图重心。这种抬高主体的表现手法多运用在规则式园林中。如广州越秀公园的五羊雕塑是运用主体升高表现主景。值得注意的是，运用主体升高这一手法，背景必须简洁，如明朗的蓝天、翠绿的远山，才能使主景的造型、轮廓和体量更为清晰，将主景鲜明地衬托出来，达到突出主体的作用。如西藏和平解放纪念碑（图 1-5），坐落在世界海拔最高的城市广场——布达拉宫广场的南端，南以远山绿树为背景，北与巍峨壮丽的布达拉宫相距 350m，整个碑体只在入口门洞上方和基座处饰以富有西藏地方风格的装饰造型，风格简洁。其造型是抽象化的珠穆朗玛峰，借此表现纪念碑高耸入云的气势和与天地同在的永恒性，整体由南向北沿中轴线逐渐升高。

②设置空间构图重心 此法运用简单，常常把主景布置在园林绿地的感觉重心上或整个构图的重心处。规则式园林构图，主景常常位于整个园林的几何中心，如天安门广场中央的人民英雄纪念碑，居于广场的几何中心，起到突出和强调主景的作用。规则式园林构图中，主景常常布置在园林构图的重心上，但是自然式园林设计中有时并没有把主景放在空间构图的重心处，而是有所偏移，使构图更加灵活而丰富多彩，如苏州西园寺中西花园湖心亭，成为全园的构图重心与西花园主景（图 1-6）。

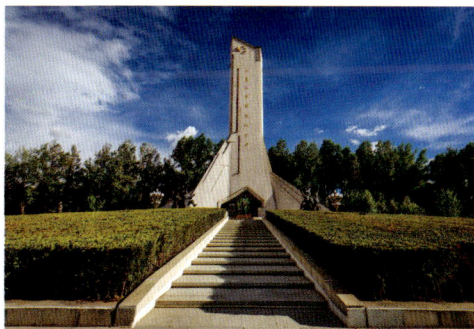

图 1-5 西藏和平解放纪念碑

图 1-6　苏州西园寺西花园湖心亭

（2）实借与虚借

《园冶·借景》中总结道："夫借景，林园之最要者也。如远借、临借、仰借、俯借、应时而借。"借景本质上是园林景象构建的方式，依据借景中"景象类型"的显著特征可将传统园林借景分为借纳实景的实借和借纳虚景的虚借两类。实借包括远借和邻借，如苏州拙政园借景园外北寺塔就属于实借，虚借则包括对气味、声音、心理引导上景物的纳借，如雨打芭蕉、"蝉噪林逾静，鸟鸣山更幽"的声音对比，闻木樨香轩、远香堂等环境烘托植物气味。

（3）对景与分景

现代园林设计中，为了满足不同性质园林绿地的功能要求，常利用园林构成要素的重组进行空间造景，并在各种空间之间创造相互呼应的景观效果，对景和分景是园林造景中常用的两种手法。

①对景　位于园林轴线、风景线端点、视线焦点的景物称为对景。所谓"对"，是相对之意。对景可以使两个景物相互观望，在园林中往往起到丰富园林景色的作用。对景有正对景和互对景，正对景多在规则式园林中使用，是在轴线端点或对称轴的两侧设景正对，可营造严肃、庄重的空间艺术效果；而互对景多用在自然式园林中，也就是古典园林造园理法中的"看与被看"。如北京奥运村南北景观主轴上就采用了对景的造景手法，丰富了景观内容。古典园林中的对景讲究自然之法，因此多在自然式园林中采用互对景的造景手法，如苏州留园中小蓬莱与可亭互为对景(图 1-7)。

图 1-7　苏州留园小蓬莱与可亭互为对景

②分景　中国园林讲究布局和层次。园林空间多含蓄有致，忌一览无余，同时要处处有景，步移景异。能在有限的空间创造无限的风景，所谓"咫尺乾坤"。分景是在某种程度上隔断景观的视线或通道，营造"园中有园，景中有景"的艺术效果，分景按其划分空间的作用和景观艺术效果的不同，可分为障景与隔景。

障景：一般采用突然逼近的手法，给人以"山重水复疑无路"的感觉，通过空间变化达到豁然开朗，"柳暗花明又一村"的境界即"欲扬先抑，欲露先藏"。现代园林设计，传承了古典园林障景处理手法的部分理论，同时结合了西方的造景理念，是对中国古典园林造园理念的阐述和丰富。苏州环秀山庄假山对问泉亭、半潭秋水一房山起到障景作用，调动游人的观赏好奇心，丰富空间体验感（图1-8）。

图 1-8　苏州环秀山庄假山障景

隔景：就是将园林绿地分隔为不同空间、不同景点景区的空间艺术处理手法。隔景与障景不同，它不是隔断部分视线或改变游览路线，而是组成各种封闭或半封闭的、可以流通的园林空间。隔景的方法很多，如实隔、虚隔、虚实相隔等。实隔，使游人视线无法从一个空间穿透到另一个空间，园林中常以建筑、实墙、山丘、山石、密林等分隔空间形成实隔；虚隔时，游人视线可以从一个空间看到另一个空间，常借助水面、漏窗、通廊、花架等进行虚隔；虚实相隔则是游人可以断断续续地从一个空间看到另一个空间。中国园林隔景手法的运用，创造出多种流通空间，深化了景观层次，丰富了园林景观。隔景手法的运用在现代园林设计中很常见，如公路分车带中的树木和花卉，既起到了交通引导的作用，又具有分隔空间和视线、引导人流的作用。

（4）园林题咏与君子比德

①题咏　这是一个介于园林与文学之间的概念。题咏从根本上弥补了真实山水景象在精神、思想表达上的乏力。题咏是园林整体的一个重要组成部分，合理地利用园林题咏可增加园林文化积淀，强化园林的艺术魅力。

中国传统园林中常用到的题咏是中国文学在园林艺术中的应用，主要包括楹联、匾额、石刻、碑刻4种表现形式。题咏是中国园林特有的一种艺术表现形式，在游人对园林的审美中发挥了重要的点景作用，提升了空间意境。例如，拙政园雪香云蔚亭的楹联"蝉噪林逾静，鸟鸣山更幽"；拙政园荷风四面亭的楹联"四壁荷花三面柳，半潭秋水一房山"；拙政园卅六鸳鸯馆的楹联"绿意红情，春风夜雨；高山流水，琴韵书声"等都在一定程度上升华了空间意境，丰富了游赏韵致。

②君子比德　君子比德思想源于先秦时期儒家学说。"比德"取"亲近自然的德性"之意。将大自然的外在形态和人的高尚品德联系起来，这种"比德"的山水自然观，使得人们不仅欣赏山水的外在形态，更重视其文化内涵。园林艺术特有的审美方式，对园林景观设计理念和审美产生了巨大的影响。中国园林植物景观设计中常用的植物配置"四君子"（梅、兰、竹、菊）、"岁寒三友"（松、竹、梅）、"玉堂春富贵"（玉兰、海棠、牡丹）等均源于"比德"思想。

3) 园林空间构成

园林空间是指由景观环境诸元素所限定形成的区域。园林设计的本质是空间设计，其过程就是从现有的空间环境之中，依据一定的设计目的对环境要素加以整理与重组，通过重新建立适宜的尺度体系，将地形、建筑、植物、水体等各种元素进行重组，创造出具有一定功能、形式与意义的空间。

（1）园林空间单元

①空间的界面　界面是相对于空间而言的，是指限定某一空间或领域的面状要素。作为实体与空间的交界面，界面是一种特殊的形态构成要素。空间的界面由底界面、竖界面和顶界面 3 个部分共同构成。

底界面分为硬质底界面和软质底界面。硬质底界面由各种硬质的整体材料或块料组成，包括砂石、面砖、条石、混凝土、沥青以及在某些特殊场合中使用的木材。底界面的构成图案、质感、色彩等影响空间的特性，具有极强的表现力。在底界面上根据所使用图案的不同，可以划分出不同的空间区域，影响人的心理和行为。

软质底界面主要由土壤、植物、水体构成，如大面积的草坪地被等。软质底界面多半是有生命的，具有可变性。软质底界面中极具代表性的大草坪经常是游人休憩、集会的最佳场所，令人感到亲切和舒适。水是景观环境中极富表现力的一种底界面。水的可塑性极强，其倒影等特征也极富表现力，可以根据园林空间需求组织多样的水景空间。

边界的建筑物外墙、树木、景墙、水幕、水帘等均可构成外部空间的竖界面。竖界面也是主要观赏面，其尺度比例及围合程度不同会形成不同的空间形态。

顶界面在园林空间中的存在比较多样化，例如，在茂密的树林中，顶界面由树木密集的枝叶组成；某个构筑小品或建筑的顶棚也可成为顶界面。

②空间的尺度　尺度通过尺寸、比例并借助于人的视、听、行等各方面的生理感觉，表达人与物、物与物之间的相对比例关系。人们生活的外部环境可以划分为 3 个空间尺度层次：宏观尺度——城市总体鸟瞰，中观尺度——传统的城市广场，微观尺度——外部空间的细节。

空间大小是相对的，在方寸之地的江南园林中，通过尺度对比也可产生"咫尺山林""小中见大"的空间感受。

就设计尺度而言，园林要素的材质、肌理、竖向的变化均会影响园林空间的尺度营造。芦原义信在研究外部空间时提出了"十分之一理论"，即室外的空间尺度和人体工学的尺度不完全一样，并且受到距离、环境氛围等因素的影响。人们对影响园林空间尺度感受

图 1-9　外部空间与人体的比例与尺度关系

的因素除了空间容量大小，还包括园林空间质感、园林空间效果等(图 1-9)。

③空间的类型　园林空间围合度的变化包括平面和立体两个方面：在平面上，使空间具有围合感的关键在于空间边角的封闭，边角封闭的程度越高，空间的围合度也就越高。在空间上，按其围合的空间比例可分为全封闭围合、半封闭围合、临界围合、无围合 4 类。园林空间根据空间围合程度的不同可以分为开敞空间、半开敞空间、封闭空间。

④空间的构成要素　园林空间单元的构成元素有五大类，分别为地形、水体、园路与铺装、植物、园林建筑与小品(详见项目 2)。

(2)园林空间组织

园林空间往往是由多个空间单元或要素组成的空间群，因此园林空间的组织关键在于将不同的单元组合起来，创造"整体感"，其中包括景点与环境间的协调以及空间单元间的沟通。园林空间的组织有嵌套空间、穿插式空间、邻接式空间、由第三空间连接的空间。园林设计由空间组成，各空间之间进行有效组织。空间单元之间的组织方法主要有 3 种：轴线对位、渗透穿插、拆分重组。

①轴线对位　视觉轴线类似于传统园林中的对景，强调不同景观单元之间的对位关系。两个或更多的轴线集中在一个共同的焦点。在若干轴交叉点的景观可通过轴线的向心性得以强调。拙政园中，整个中心水面在东、西、西南方向留有水口，开辟了 4 条深远的透景线。南北向由"见山楼"至"香洲""石折桥""小飞虹""小沧浪"，划分为多层次的水景；"绿漪亭"至"海棠春坞"既短又窄，景犹深远(图 1-10)。

香　洲　　　　　　　见山楼　　　　　　　小飞虹

图 1-10　拙政园

图 1-11　苏州留园石林小院

②渗透穿插　在传统园林中通过围合形成空间，利用渗透使空间变化。传统造园讲究的对景、借景，便是利用空间单元之间的渗透效应。在园林设计，平面和空间布局自由，空间相互穿插、彼此渗透，这种"围合与渗透"在处理多个空间的关系时尤其明显。例如，苏州留园的石林小院，院落空间极小，建筑十分密集，但由于相互渗透和层次变化异常丰富，使游人产生深邃曲折和不可穷尽之感（图 1-11）。

③拆分重组　园林空间有"越分越大"一说，呈现出部分之和大于整体的效应，即"1+1>2"。适当地拆分原有的空间结构，并重新组合，能产生意想不到的效果。拆分与重组是丰富外部空间的基本手法，改变场所本身固有的秩序并重新建立起空间秩序。环秀山庄以西北的"飞雪泉"为源，曲折东南，首"滞"形成了"问泉亭"小岛，分流东西，再"滞"构成了假山主体，东线又分流为两支，一支穿越山涧直抵东南，另一支则转向西流，与首次分流出的西线汇聚成开阔的水面，水流向着东边渐渐收尾，到山石而止。环秀山庄比较完整地表现了山水景观的外部特征，阐释了"流而为川，滞而为陵"的山水之道，是拆分与重组的典型案例（图 1-12）。

图 1-12　环秀山庄的拆分重组

（3）园林空间序列

①序列的构成　园林空间往往由多个空间单元依据一定的规律组合而成，每个单元之间相互联系、相互作用、相互依存，呈现出一定的序列关系。园林空间的营造如同书画一般，讲究序列的"起、承、开、合"。大的序列又由子序列构成。实施精心组织的、有个性的空间序列，才能获得艺术格调高雅、富于创造性的景观环境。园林空间序列通常由 4 个部分组成：前导、过渡、高潮、尾声。

以上海方塔园为例，整个园子可清晰地分为 4 个部分：东入口方池（前导），垂门、堑道（过渡），方塔、照壁（高潮），南岸草坪（尾声）。在这里方塔无疑是悬念，同时更是高潮（图 1-13）。

东入口方池（前导）：从东入口的方池到水渠到石板桥到塔前的中心水池，水一直在引导、暗示，在入口处设方池既是城市街道空间的延伸，也是园内自然景观的流露。它强调

入　口 　　　　　　　　　　垂花门 　　　　　　　　　　堑　道

方塔与照壁 　　　　　　　　南岸草坪 　　　　　　　　回望方塔

图 1-13　上海方塔园

了入口，设置了悬念。

垂花门(过渡一)：开与关之间——鼓励参观者进行开放式的遐想。

堑道(过渡二)：在引导观者进入围合空间时，台阶在不知不觉中将观者引到了塔的脚底。

方塔、照壁(高潮)：借用一片写满历史故事的明代照壁在主角出现前再一次进行烘托；接着在塔和大水面、草坪之间设置一片禅意的白墙。

南岸草坪(尾声)：游览者从南侧的草坪观看塔景时，白墙变成了塔基座的有力延伸，一种对塔的竖向构图的烘托，巧妙构成"图底关系"。

②序列的组织　空间序列需要人的流动方能体验，因此转化为园路的流线是设计空间序列的重要手段，通常有串联、并联、辐射 3 种基本模式。

串联：由闭合或开放的环状路线串联空间单元，景点、景区呈线性分布，表现为"链形"结构，串联可以是对称的也可以是非对称的。

并联：由两条或两条以上的路线形成的空间格局，表现为"树形"结构。

辐射：各空间环绕一个或多个中心向周边发散布置。

🍃 任务实施

(1)组建学习小组，确定小组组长，并由组长汇总提出的关键词，填写表 1-1。

(2)将主题以关键词的形式罗列在便利贴上，开展组间讨论，并相互分享交流点评。

(3)每位同学将关键词便利贴贴在白板上，由教师抽取便利贴邀请同学至讲台分享。

(4)教师点评，归纳讲解园林设计要点与学习园林设计课程的要求与方法。

(5)独立思考完成两个主题讨论关键词提炼后，开展组内讨论，并互相交流点评；以小组推举或教师抽点的形式请同学至讲台分享；结合教师点评与讲解修改完善关键词。

表1-1   分工情况

小组名称		研讨主题		组长	
任务分工		成员		分工	

考核评价

姓名		任务内容	"我眼中的园林设计"与"怎样学好园林设计课程"主题讨论							
序号	考核项目	考核内容	等级				分值			
			A	B	C	D	A	B	C	D
1	课堂表现	态度认真、积极主动	好	较好	一般	较差	10	8	6	4
2	凝练概括	紧扣主题提炼出准确的关键词	好	较好	一般	较差	20	16	12	8
3	观点阐述	逻辑思维清晰、表达有条理	好	较好	一般	较差	30	25	15	10
4	研讨成果	成果规范、观点清晰、表达通顺	好	较好	一般	较差	25	20	15	8
5	能力创新	表现突出、内容完整、观点创新	好	较好	一般	较差	15	10	8	4
合计得分										

任务 1-2   园林构成要素调查

工作任务

【任务描述】

进行园林构成要素的调查，要求进行团队协作、调查分析、汇报展示。

【任务分析】

全班分为5个小组，以小组为单位，每组分配或选择一个园林构成要素进行调查。调查地点可选择校园、社区公园等身边的园林空间，每人拍摄不少于50张照片，并上传学习平台进行共享。

【工具材料】

照相机或手机、卷尺、速写本、笔等。

知识准备

1. 园林设计的要素

虽然园林的类别多种多样，规模有大有小，组成内容有简有繁，但归根究底，它们都由地形、水体、植物、园林建筑与小品、道路与广场等基本元素组成，只不过不同的园林侧重的部分不同。

①地形　是构成园林的骨架。设计人员以自然地形为参照，结合植物生长需要、美学原则及工程技术要求营造出高低起伏的地形变化。地形的利用与改造，将影响到园林形式、建筑布局、植物配置、景观效果、给排水工程、小气候等。

②水体　被称为"园林的灵魂""园林的生命"，足见其在园林中的重要性。水体可以分成静水和动水两类。静水包括湖、池、塘、潭等；动水包括河、溪、渠、瀑布、喷泉、壁泉等。另外，水声、倒影等也是园林水景的重要组成部分。水体中还形成如堤、岛、洲等地貌，丰富园林景观。

③植物　是园林的重要组成部分。作为唯一具有生命力的园林要素，植物可以使园林空间表现出生命的活力，富于四时的变化。植物包括木本植物和草本植物等。植物可形成四季景观，其形态、色彩、芳香等都是园林造景的题材。园林植物与地形、水体、建筑、山石、雕塑等有机配置，可形成优美、雅静的环境和艺术效果。

④园林建筑　园林离不开建筑，建筑在园林中不但具有景观功能，更具有实用功能，在园林中一般作主景，起画龙点睛的作用，如亭、廊、台、榭、舫等。

⑤园林小品　园林小品也是园林不可缺少的组成部分，它使园林景观更富于表现力。园林小品一般包括雕塑、山石、垃圾箱、园灯、园桌椅等，也可以单独构成专题园林，如雕塑公园、山石公园等。

⑥道路和广场　主要构成园林的脉络，并且起到园林中交通组织、联系的作用。

2. 园林设计的图纸表达

（1）平面图

根据园林的不同分区，划分若干局部，每个局部根据总体设计的要求，进行局部详细设计，一般比例尺为 1：500，等高线距离为 0.5m，用不同等级的线条，画出等高线、园路、广场、建筑、水面、植物、山石、雕塑等。详细设计平面图要求标明建筑平面、标高及与周围环境的关系，道路的宽度、形式、标高；主要广场、地坪的形式、标高；花坛、水池的面积大小和标高；驳岸的形式、宽度、标高。同时平面上标明雕塑、园林小品的造型。

（2）横纵断面图

为更好地表达设计意图，体现布局中最重要部分或局部地形变化部分，画出断面图，一般比例尺为 1：200~1：500。

（3）局部种植设计图

在总体设计方案确定后，着手进行局部景区、景点详细设计的同时要进行种植设计，一般 1∶500 比例尺的图纸能较准确地反映乔木的种植点、栽植数量、树种。在 1∶500 的图纸上主要标注密林、疏林、树群、树丛、园路树、湖岸树的位置，其他种植类型，如花坛、花境、水生植物、灌木丛、草坪等的种植设计图可选用 1∶300 或 1∶200 的比例尺。

📝 任务实施

（1）组建学习小组，确定小组组长及分工，填写表 1-2。

表 1-2　分工情况

小组名称		任务名称	园林构成要素调查	组长	
	成员		分工		
任务分工					

（2）各小组在完成园林构成要素调查后，以小组为单位进行成果整理、组间共享，并从调查要素的组合方式、调查要素的细部设计、调查要素的组织形式、调查要素的尺度比例、调查要素与其他要素之间的组合关系等角度，对调查结果进行归纳分析，形成汇报文件(PPT)，每组推选一名同学进行汇报展示。

📝 考核评价

姓名		任务内容		园林构成要素调查							
序号	考核项目	考核内容	等级				分值			
			A	B	C	D	A	B	C	D
1	调查态度	态度认真、积极主动、调查细致	好	较好	一般	较差	10	8	6	4
2	调查内容	主题清晰、重点明确、构图合理	好	较好	一般	较差	20	16	12	8
3	团队合作	分工合理、团结协作、成果完整	好	较好	一般	较差	30	25	15	10
4	分析汇报	排版规范、条理清晰、表达通顺	好	较好	一般	较差	25	20	15	8
5	能力创新	分析深入、观点创新、表现力强	好	较好	一般	较差	15	10	8	4
合计得分										

知识拓展

1. 数字景观

数字景观指的是数字技术在园林中的研究与应用，园林设计建立在广泛的自然科学和人文艺术学科基础上，其核心是协调人与自然的关系。现代园林离不开艺术，更离不开科学的支撑，是一门"科学的艺术"。因此，园林设计亟待形成具有自身特点的方法论和理论体系，数字景观技术辅助园林设计应运而生。

1）数字景观的意义

（1）推动园林信息采集方式的变革

传统的主体数据收集主要是通过问卷访谈、抽样调查等方式来推演整体特征。互联网时代使得数据的收集和分析方式产生了新的变革，大数据的出现极大地扩大了园林设计收集数据的数据量，并且丰富了使用数据的类型，实现了全数据分析。

（2）景观模拟与可视化技术得到推广应用

景观模拟与可视化技术主要体现在建立可视化场景、景观过程模拟可视化两个方面。可视化场景是清晰明了地表达设计方案的有效途径，即使是非专业人员也可以通过场景来了解设计师意图，采用建模渲染及虚拟现实技术等来实现。当下可视化呈现有由二维向三维发展的趋势，例如，SketchUp 建模软件只需简单地推拉即可生成体块，是迄今为止园林设计师最常用的软件之一；虚拟现实（virtual reality，VR）技术能提供多角度、多模式模拟，使用户有更真实的体验；同时，实时渲染可实时感受场景变化，对场景进行修改，更具交互性。

增强现实（augment reality，AR）技术是从虚拟现实技术中发展而来的，它能将真实的环境和虚拟的场景实时地叠加到同一个画面或空间从而同时存在。相比 VR 技术，它给人以更真实的感受。AR 技术的运用为园林设计教学工作提供了极大的帮助，如图 1-14 为拙政园 VR 全景导览教学。

图 1-14 苏州拙政园 VR 全景导览

2）数字景观发展趋势

（1）园林设计流程趋向一体化

园林设计流程中场地数据收集、方案生成、决策修改和反馈阶段数字技术的成熟，使规划设计流程不再是线性的过程，4 个阶段的每个部分都紧密联系，这种联系通过数字景观相关技术实现，任何一个部分的改变都会使整个系统发生相应的变化，通过计算机可以实时并且高效精确地控制和模拟方案的成果，快速地采集反馈，修改调整后，重新模拟新的方案成果。园林设计流程的一体化极大提高了设计工作效率，避免了牵一发动全身的返工修改。

（2）二维图纸向三维可视化交互模型转变

数字技术将传统二维图形转换为三维模型与场景，将专业术语与图纸转换为直观的、可读性的、生动的可视化语言，便于公众理解与参与。虚拟现实软件、增强现实技术、实时渲染、自由立体化可视化技术等提升是推动三维场景可视化进步的关键，虚拟仿真技术近些年的应用领域日渐扩展，在园林设计领域也已有涉猎，但应用尚未普及。可视化交互在未来应用将会更广泛，其中动态景观互动装置采用计算机设备，将捕捉到的温度、压力、距离等环境数据转为图像、数字、文字等可视化形式输出，并做出相应的交互反馈。

2. 通用设计

园林设计中的通用设计是指在最大可能范围内，不分性别、年龄与能力，适合所有人方便使用的环境设计，现代又称为全民设计、全方位设计或通用化设计。

通用设计不同于无障碍设计。无障碍设计把普通人和残疾人完全区分开。通用设计则是指所设计的产品、设施，对于任何人(包括残疾人和老年人在内)而言都是方便使用的。

通用设计的优点在于不仅满足了残疾人、老年人等弱势群体的需求，还扩大了受益者范围，方便所有人群的使用；从环境心理学角度，特殊人群在心理上更乐于接受通用设计设施，避免了由于差异化的景观设施导致的区别对待，以及存在的隐形歧视；通用设计为设计者提供了更高的追求目标，丰富了人性化的内容。

1)通用设计的目标与方法

通用设计的目标为：为包括弱势群体在内的所有人提供适宜的景观环境，以满足不同人群的游憩需求，增进人与自然的接触和社会交往。园林绿地空间应该满足所有人的使用需求，设计师需要充分了解各类人群包括残疾人、老年人、妇女儿童等弱势群体在内的生理、心理需求。通用设计有别于以前的专用设施设计和无障碍设计，因此在设计思路和方法上与前者有质的不同。

2)园林通用设计策略

园林作为城市开放空间的一部分，是人们接触自然及社会交往的户外场所。应以现有技术规范为基础，紧扣人的心理特征、行为模式和环境特点，以先进的科学技术为支撑，建立系统性的、人性化的园林设计导则。

园林通用设计强调园林空间具有最大范围的适用性和可用性，从而满足不同人群多样化的需求。从社会层面而言"通用"包含了一种民主的思想，它赋予不同使用者对园林空间同等的使用权力，为他们提供同等的功能。

（1）最大程度地满足可达性要求

可达性是园林通用设计的基本原则之一。可达性指在设计过程中，设计师运用听觉、触觉等多种手段对使用人群给予引导、提示。另外，可达性也是一个空间的概念，要公平地使所有人群安全、便捷地在园林空间内活动。园林中的可达性主要涉及路径交通与信息导视两类：

①路径设计　路径是环境设计的主要组成部分，场地之间、场地本身是否具有可达性，体现了园林空间的品质和人性化程度。路径的模糊通常会造成可达性的障碍。在场地条件允许时，应当尽可能以坡道代替踏步，从而提升路径的通达性和便利性。要特别注意路径的细节处理，如环境中高差衔接是否平稳、场地与场地之间边界是否明晰、夜晚照明照度是否充足等。

②信息导视系统　场地信息导视系统的表达，能最大限度地为观赏游览者进行正确的提示和引导，也是通用设计需要做到的。信息明确的导视系统不仅给予普通人群清晰的定位和引导，对残障人士也可给予明确的信息提醒，从而增加了景观环境信息的安全性。

例如，在泰国最大的屋顶康复疗养花园——玛拉康复花园中，游客可以观察到自然之美，沿着满是芳香植物的路径步行，植物的布置形式、颜色、气味和纹理为游客提供了丰富的感官体验，使花园成为一个愈合心灵和寻找灵感的好地方。人们可以在紫色藤架下的阴凉处散步，导视系统清晰明确（图 1-15），图文并茂，在扶手栏杆处还有盲文（图 1-16），引导视障人士游赏。

图 1-15　醒目清晰的导视系统　　　　图 1-16　服务于视障人群的导视设计

（2）提高环境包容性，激发活动多样性

人们在室外的活动可以分为自发式活动和激发式活动。前者一般具有一定的可预见性；后者则是使用者在休憩、观赏的过程中激发形成的，具有偶发性。传统园林设计过程中，设计师倾向于把场地划分为动态的儿童活动区、静态的老年人活动区等不同功能区。但现实情况是老年人更热衷于热闹的环境氛围，并且通常儿童是由老年人陪同前来的。因此，将场地简单划分为功能单一的独立区域缺乏合理性。园林空间的营造要充分考虑不同年龄使用人群的人体尺度和行为特征，形成老少皆宜的综合性活动空间，参与者的多样性更能激发场地活动的丰富度，提升场地的参与度。

（3）环境资源优化整合，营造复合型园林空间

通用设计强调的是一种"整合"，是一种对环境资源及使用要求的统筹兼顾，实现最大限度地满足人们的使用需求。

复合型园林空间是指能够满足人们多样化使用需求的景观环境。不固定景观设施的使用方式，强调个性化、多样化的使用需求。针对不同使用者的不同需求进行复合型的空间设计，考虑环境设施的多种使用方式以及可能性，尽可能地满足所有人群的需求。

例如，波士顿唐纳大道公园，连通整个公园的无障碍蜿蜒小路，在两个主要区域延伸出多种用途。道路一侧的倾斜草坪区域，设有回收石头填充的座位墙（石笼墙），可供人们休息、思考或自主使用；同时，这种倾斜的地形和阶梯座位墙也为偶尔的电影放映和表演创造了适宜的空间（图 1-17）。

图 1-17　波士顿唐纳大道公园"复合型"园林绿地空间

🍃 巩固训练

1. 如何充分考虑人的行为心理特征，设计人性化的园林环境？

2. 与建筑空间相比，园林空间有哪些特色？

项目 2 园林构成要素设计

学习目标

【知识目标】

(1) 了解各园林构成要素的类型与作用;

(2) 掌握各园林构成要素的景观特性;

(3) 掌握各园林构成要素的设计原则和方法。

【技能目标】

(1) 能够进行园林地形设计;

(2) 能够合理选择园林水景的表现形式,进行园林水体的布局和设计;

(3) 能够进行园路系统的交通组织和铺装设计;

(4) 能够结合具体环境,根据设计要求,科学合理地进行园林植物的选择和园林植物种植设计;

(5) 能够根据园林建筑与小品的创作要求,完成园林建筑与小品的方案设计。

【素质目标】

(1) 通过对园林构成要素设计有关资料的查阅、收集和总结,培养学生自主学习的能力;

(2) 通过对任务的分析、实施,培养学生独立分析和解决实际问题的能力;

(3) 培养学生团队意识和合作精神。

任务 2-1 园林地形设计

工作任务

【任务描述】

学校以"书香致远、品读生活"为主题,征集校园图书馆片区的园林设计方案,需针对园林构成五要素进行设计,基地内有图书馆、现状道路(设计可改动),东侧、南侧有河道。红线内开敞空间面积约 1.3hm²(图 2-1)。

场地现状地势平坦,为创造丰富的视线变化和游览体验,需要在充分掌握地形设计方法的基础上,优先完成图书馆片区园林空间的地形设计。

【任务分析】

根据地形的功能作用、设计原则与设计方法,充分结合基地周边、内部现状环境进行地形设计是园林设计师职业能力的基本要求,首先分析基地现状地形环境以及周边现状要素,因地制宜,结合服务对象的使用需求进行地形骨架的搭建,营造丰富的园林景观空间。

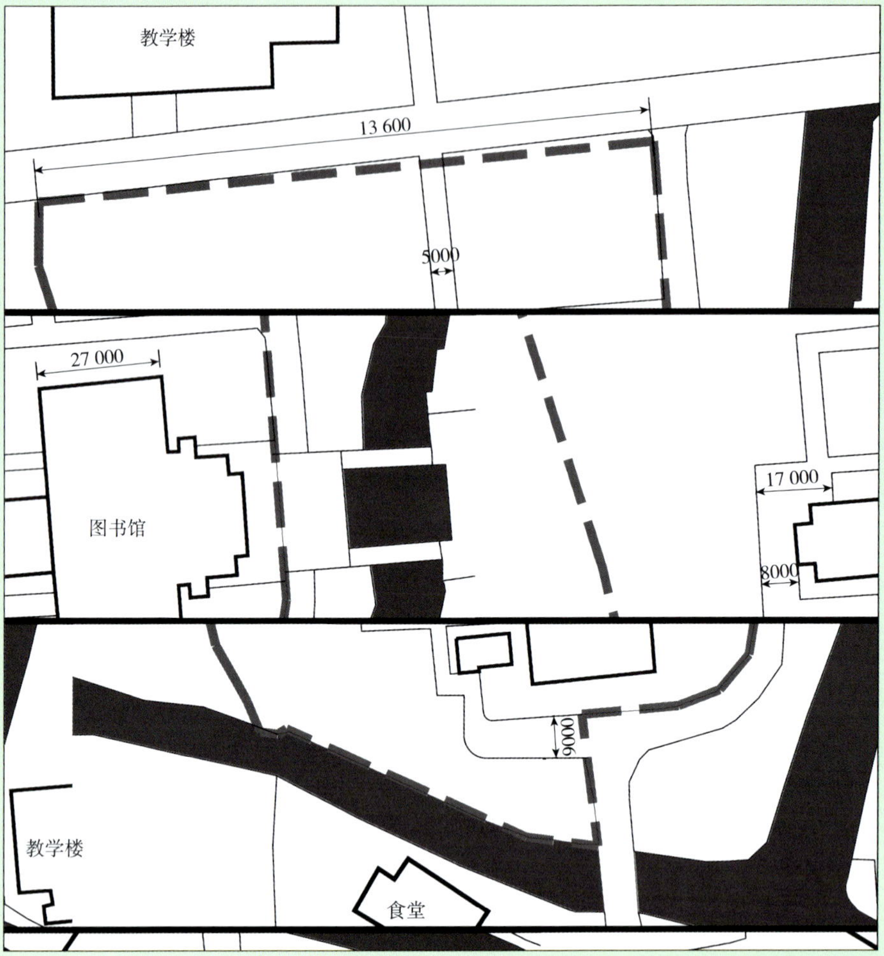

图 2-1　现状图

【工具材料】

草图纸、绘图笔、橡皮，安装 AutoCAD、SketchUp、Photoshop 软件的计算机等。

知识准备

地形主要构成园林的骨架，是园林设计师设计之初应重点考虑的工作内容。不同的地形、地貌不仅反映了不同的景观特征，而且可以作为植物、水景、建筑小品等园林要素的基底和依托，影响着园林的布局和设计风格。因此，园林地形设计是否恰当，处理是否巧妙，不仅是工程技术方面的问题，也是能否创造出优美园林景观的关键因素。

1. 地形的类型

1）平地

园林中比较平坦的用地统称为平地，其坡度一般介于 1%~7%。此类地形形成的空间

图 2-2 美国纽约的中央公园一角

图 2-3 老人在草坪健身

图 2-4 重庆园博会主入口集散广场

图 2-5 景墙、廊将平地划分成多个不同的空间

较为开阔，易于布置各类园林要素，可作为集散广场、休闲文化广场、草坪、园林建筑等的用地，以接纳和疏散人群，组织各类活动或供游人游览和休息。但平地缺少竖向空间的变化，设计时根据功能需求，可借用其他园林要素进行分隔，以丰富园林空间（图 2-2 ~ 图 2-5）。

2）凸地形

凸地形视线开阔，具有一定的凸起感和高耸感，相对于平坦地形而言，更具有动感和变化。凸地形往往具有划分、组织空间和丰富园林景观等功能，因其比周围环境地势高，通常成为视线焦点和观景点，或成为某个区域的视觉中心，适宜布置标志性景观（图 2-6 ~ 图 2-8）。

3）凹地形

凹地形在空间形态上类似碗状，比周围环境的地势低，视线通常较封闭，空间呈内向积聚性，受外界干扰相对较少，给人一种

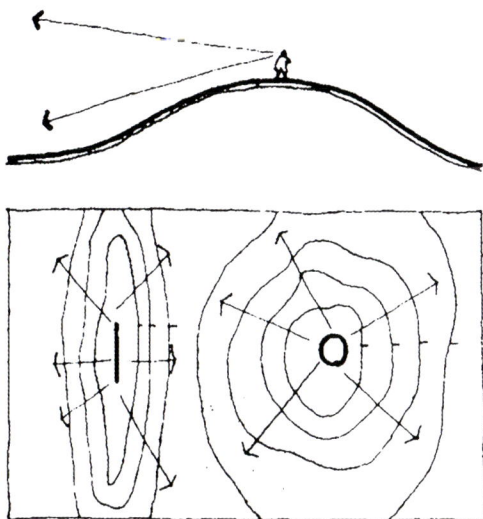

图 2-6 凸地形的视线开阔、发散

图 2-7   凸地形更具有动感和变化

图 2-8   颐和园佛香阁作为景观视线焦点

图 2-9   凹地形呈内向积聚性，可形成水系

图 2-10   形成不同大小、形状的水面空间

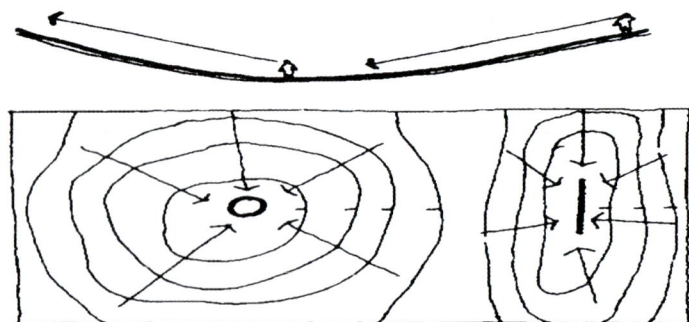

图 2-11   凹地形的视线封闭、汇聚

分隔感、封闭感和幽静私密感。凹地形可以被改造设计成下沉式广场或特色活动空间，多处凹地形也可以改造形成大小和形状不同的水体，或者充当蓄水池（图 2-9～图 2-11）。

4）微地形

微地形是起伏较小的地形。与平地相比，其竖向空间上有一定的层次变化，可以通过控制景观视线来构成不同的局部空间，增加视觉景观自然和曲线的柔美感，也是区域环境

图 2-12　微地形创造出丰富的空间层次变化

营造中常用的"师法自然"的景观处理手法。对于地形设计，常常因地制宜，在尊重原有地形地貌的基础上，通过改造设计，挖方或填方，来进一步创造和划分空间，形成多样化的空间形态和丰富多变的景观效果(图 2-12)。

2. 地形的作用

1) 基础与骨架作用

地形是构成园林景观的基本骨架。建筑、植物、水体等景观常常都以地形作为基地和依托，如北京北海公园的建筑依山而建(图 2-13)。

若借助地形的高差建造瀑布或跌水，则更具有自然感。在意大利台地园中，自然起伏的地形利于动态水景的建造，如兰特庄园的水台阶就是利用自然起伏的地形建造的(图 2-14)。

图 2-13　北海公园的建筑依山而建

图 2-14　兰特庄园借助地形营造水景

2) 划分空间作用

利用地形可以有效地、自然地划分空间，再借助植物，可以形成具有不同功能或景观特点的区域，如承德避暑山庄(图 2-15)就是按照地形地貌特征进行选址和总体设计的。它因山就势，按照地形分为宫殿区、湖泊区、平原区和山峦区四大部分。宫殿区位于湖泊南

图 2-15   河北承德避暑山庄鸟瞰图

岸，地形平坦，是皇帝处理朝政和生活起居的地方；湖泊区位于宫殿区的北面，由 8 个小岛屿将湖面分割成大小不同的区域，层次分明，富有江南鱼米之乡的特色；平原区位于湖区北面的山脚下，地势开阔，碧草茵茵、林木茂盛，是具有茫茫草原风光的区域；山峦区位于山庄的西北部，面积占全园总面积的 4/5，这里山峦起伏、沟壑纵横，众多楼堂殿阁、寺庙点缀其间。整个山庄东南多水，西北多山，是中国自然地貌的缩影，形成了源于自然、高于自然的园林艺术景观效果。

3）景观作用

（1）地形造景

地形可被当作景观要素来使用。在大多数情况下，地形具有可塑性，它能被塑造成具有各种特性及美学价值的实体，如设计中将地形做成圆（棱）台、半圆环体等规则的几何形体或相对自然的曲面体，以此形成别具一格的视觉形象（图 2-16）。

（2）控制视线

地形能在景观中将视线导向某一特定点，影响人们游览时的可视景物和可见范围，形成连续观赏的景观序列，或形成完全封闭的景观空间。如为了能在环境中使视线停留在某一特殊焦点上，可以在该焦点视线的一侧或两侧将地形增高，在视线周边制造视野屏障，从而使视线集中到焦点景物上（图 2-17）。

（3）影响游览线路和速度

地形可被用在外部环境中，影响行人和车辆运行的方向、速度和节奏。在园林设计中，可利用地形的高低变化，坡度的陡缓以及道路的宽窄、曲直变化等来影响和控制游人的游览线路及速度（图 2-18）。

图 2-16   将地形塑造为棱台状，形成视觉焦点

图 2-17   抬高两侧地形，形成视觉焦点

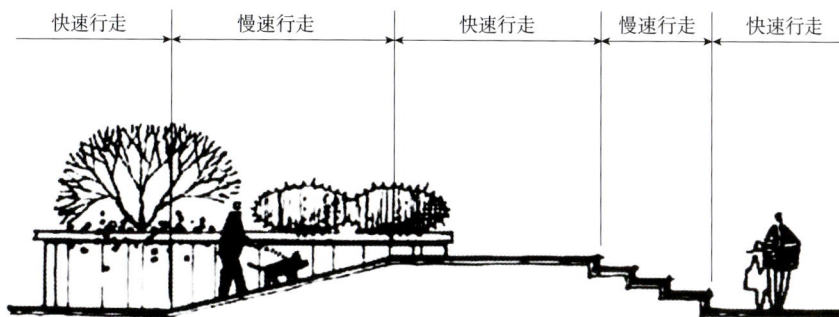

图 2-18　行走的速度受到地面坡度的影响

4) 生态作用

地形可影响某一区域的光照、温度、风向和湿度等。从采光方面来说，朝南的坡面一年中大部分时间都保持较暖和宜人的状态。从风的角度而言，地形可以有效阻挡吹向某一场地的冬季寒风；反之，地形也可用来引导夏季风(图 2-19)。

此外，地形还可以有效阻隔外部的噪声，同时形成视觉及听觉屏障(图 2-20)。

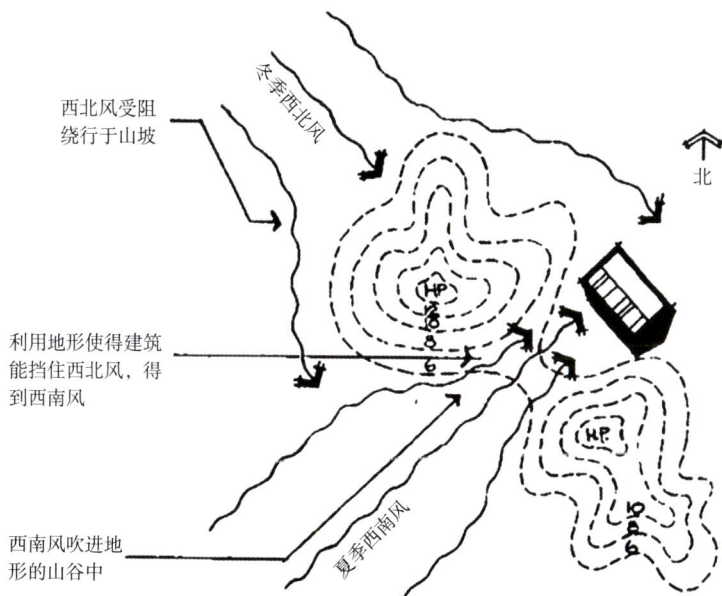

图 2-19　利用地形使建筑能得到夏季微风和阻挡冬季风

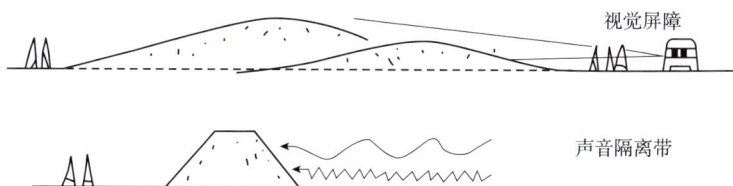

图 2-20　利用地形有效隔离视线和阻隔噪声

3. 园林地形设计原则

地形设计是对原有地形、地貌进行工程结构和艺术造型的改造设计。园林的原始地形千差万别，在设计时的处理是否合理，关系到各种景观效果的体现和功能的发挥。在地形设计中，应注意以下几个原则。

1) 因地制宜

在地形设计中，首先要考虑对原有地形的利用。对于自然风景类的地形，如山岳、丘陵、草原、江河湖海等，在原有地形的基础上，只要稍加人工点缀，便能形成独特的景观(图2-21)。

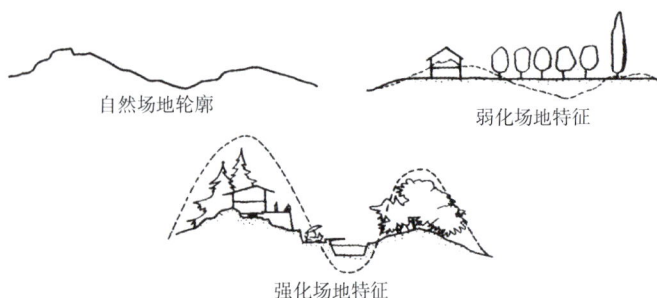

自然场地轮廓　　　　　　弱化场地特征

强化场地特征

图 2-21　因地制宜地结合场地地形塑造园林空间

而对于与设计意图有差距的地形，则应结合基地调查和分析的结果，在考虑经济因素的前提下，进行改造。可进行"挖湖堆山"，也就是遵循"挖低处，堆高处"的基本原则，使土方工程量降到最低，力求达到土方平衡。

2) 满足园林性质和功能要求

园林性质不同则其功能不同，对园林地形的要求也就不尽相同。因此，在地形设计时，要尽可能为游人创造出各种游憩活动所需的地形、地貌环境。如广场活动区，要求地形平坦；划船、游泳等水上活动区，需要一定面积的水面；登高眺望区，需要有登临山地之处；安静休息区，则要求有山林溪流来创造幽静环境等(图2-22)。

图 2-22　地形结合广场、水体、山体等塑造不同性质功能的场所

3) 满足园林景观要求

地形设计要符合美学要求，从视觉上让游人得到美的体验。如利用起伏地形，可以代替景墙以隔景；如适当加大地形高差至超过人的视线高度（1700mm），可进行障景（图 2-23）。

图 2-23 隔景和障景

4) 符合园林工程技术要求

地形设计在满足功能和景观需要的同时，还必须满足园林工程技术上的要求，如地面排水、各种地形的稳定性等。一般来说，坡度小于 1% 的地形易积水，地表面不稳定；坡度介于 1%～5% 的地形排水较理想，适合于大多数活动内容的安排，但是当同一坡面过长时，显得较单调，易形成地表径流；坡度介于 5%～10% 的地形排水良好，而且具有起伏感；坡度大于 10% 的地形只能局部小范围地加以利用。

5) 符合园林植物栽植要求

丰富的园林地形，可形成不同的小环境、小气候，从而有利于不同生态习性的园林植物的生长。因此，在进行园林设计时，要通过地形利用和改造设计，为植物的生长发育创造良好的环境条件。如地形的南坡宜种植喜光植物，北坡可选择耐阴植物，水边或池中可选择湿生、水生植物。

4. 园林地形设计方法

1) 平地造景

平地造景的限制性因素最少，但平地创造的场地缺少私密感，景观容易单调，需要结合其他景观要素（植物、建筑小品等）加以改造（图 2-24）。

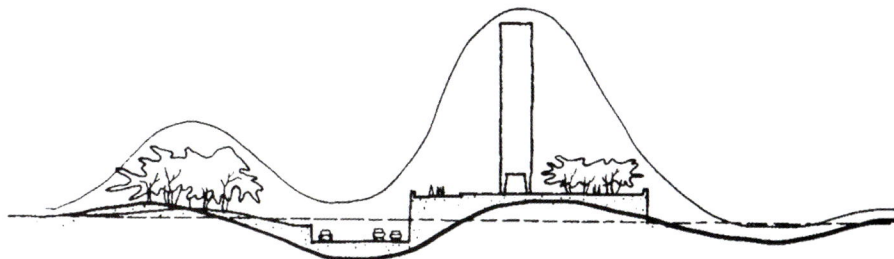

图 2-24 平地单调的地方，结合植物、建筑等对地形加以改造

图 2-25 平地造景

平地的造景项目主要有：建筑用地、集散广场、露天剧场、体育运动场、停车场、花坛、草坪等(图 2-25)。在进行平地地形塑造时，要有 1% ~ 7% 的排水坡度。

2) 坡地造景

凸地形和凹地形都是由一定的坡地构成的。坡地具有动态的景观特性。坡地不仅可以以景观植物为依托，创造起伏的林冠线变化，还可以作为园林建筑及小品的依托，形成烘托气氛、跌宕起伏的立面及视线变化，坡地还可以结合瀑布水系创造动态观赏景观(图 2-26)。

根据坡度不同，坡地可以分为以下 3 种类型：

(1)**缓坡地形**(3% ~ 10%)

缓坡略有起伏感，如疏林草地等，适合安排用地范围不大的活动内容。

(2)**中坡地形**(10% ~ 25%)

只能局部小范围地加以利用。从植物造景角度来说是比较有利的地形，可设计风景林。从使用角度来说，设置园路，适宜做成梯道；设置场地，须结合等高线做局部改造，形成阶梯状的空间；设置溪流水景，则须考虑设置护坡。

(3)**陡坡地形**(>25%)

这种坡度较陡峭，大多数不适合布置除植物以外的其他园林要素。如设置人的使用空间，可做成较陡的梯步道路，利用岩石隙地栽种耐旱的灌木，适宜点缀占地少的亭、廊、轩等园林建筑。因存在滑坡甚至塌方的可能性，要考虑设置护坡。

园林中的极限和常用坡度范围见表 2-1。

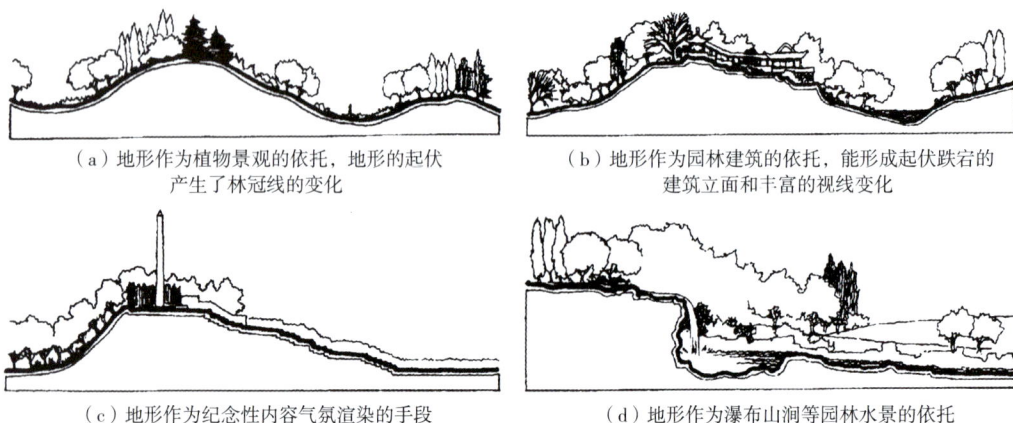

(a)地形作为植物景观的依托，地形的起伏产生了林冠线的变化

(b)地形作为园林建筑的依托，能形成起伏跌宕的建筑立面和丰富的视线变化

(c)地形作为纪念性内容气氛渲染的手段

(d)地形作为瀑布山涧等园林水景的依托

图 2-26 坡地与不同景观要素的设计组合

表 2-1　极限和常用坡度范围

场景	极限坡度(%)	常用坡度(%)	场景	极限坡度(%)	常用坡度(%)
主要道路	0.5~10	1~8	停车场地	0.5~8	1~5
次要道路	0.5~20	1~12	运动场地	0.5~2	0.5~1.5
服务车道	0.5~15	1~10	游戏场地	1~5	2~3
边道	0.5~12	1~8	平台和广场	0.5~3	1~2
入口	0.5~8	1~4	铺装明沟	0.25~100	1~50
步行坡道	≤12	≤8	自然排水沟	0.5~15	2~10
停车坡道	≤20	≤15	铺草坡面	≤50	≤33
台阶	25~50	33~50	种植坡面	≤100	≤50

注：①铺草与种植坡面的坡度取决于土壤类型；
　　②需要修理的草地，以 25%的坡度为好；
　　③当表面材料滞水能力较差时，坡度的下限可酌情下降；
　　④极限坡度还应考虑当地的气候条件，较寒冷地区、雨雪较多地区，极限坡度应相应地降低；
　　⑤在使用中还应考虑当地的实际情况和有关标准。

🍃 任务实施

1. 基址分析及构思草图

组建学习小组，确定小组组长、成员在项目实施过程中的主要分工，并填写表 2-2。

表 2-2　园林地形设计小组基本情况

小组名称		任务名称	"书香致远、品读生活"校园景观地形设计	组长	
任务分工		成员		分工	

根据任务描述，充分结合场地现状，根据地形的设计原则、地形的功能与作用在设计范围内进行合理的地形设计。

2. 深化完善及快速表现

根据现状特点及功能分区，深化完善该地块的地形设计方案，绘制该地块地形设计平面图、效果图，并附设计说明。

考核评价

姓名		任务名称		"书香致远、品读生活"校园景观地形设计							
序号	考核项目	考核内容		等级				分值			
				A	B	C	D	A	B	C	D
1	实训态度	实训认真，积极主动，操作仔细，认真记录		好	较好	一般	较差	10	8	6	4
2	设计内容	设计科学合理，符合绿地设计的基本原则，具有可达性、功能性、亲和性、系统性和艺术性		好	较好	一般	较差	20	16	12	8
3	综合应用能力	结合环境，综合考虑，满足功能和创造优美环境，通过树木配置创造四季景观，同时充分考虑到植物的生态习性和对种植环境的要求		好	较好	一般	较差	30	25	15	10
4	实训成果	设计图纸规范，内容完整、真实，具有很好的可行性，独立按时完成		好	较好	一般	较差	25	20	15	8
5	能力创新	表现突出，内容完整，立意创新		好	较好	一般	较差	15	10	8	4
合计得分											

任务 2-2　园林水景设计

工作任务

【任务描述】

在完成任务 2-1 地形设计的基础上进行场地水景营造。

【任务分析】

根据水体的特性、功能作用与分类，充分结合基地环境进行水景营造是园林设计师职业能力的基本要求之一。首先分析基地现状地形环境以及周边现状要素，因地制宜，结合水景的景观效果与园林其他构成要素之间的关系考虑进行水景的选址与形态设计。

【工具材料】

草图纸、绘图笔、橡皮、装有 AutoCAD、SketchUp、Photoshop 软件的计算机等。

🍃 知识准备

1. 水的特性

1) 水的可塑性

水是无色、无味的液体，本身无固定形状，其形状是由容器的形状所决定的。水体能否丰富多彩，取决于水体的大小、形状、色彩和质地等。因此，从这个意义上讲，园林中的水景呈现效果，取决于盛水的"容器"，即水形的设计和驳岸的限定。

2) 水的状态

水受地球引力的作用，或相对静止，或运动。因此，水可以分为静水和动水两类。静水，宁静、安详，它能形象地反映周围的景物，给人以轻松、温和之感。动水，潺潺流淌，惹人喜爱；波光晶莹，令人欢快；水花喷射，令人兴奋；瀑布轰鸣，使人激昂。因此，从这个意义上讲，水的设计是情趣和趣味的设计。

3) 水的声音

运动着的水，无论是缓缓流动还是跌落撞击，都会发出声音。依照水的流量和形式，可以创造出多种多样的声音效果，来完善和增加室外空间的观赏特性。此外，水声还能直接影响人的情绪，或使人温和，或使人激动。从这一角度来讲，水的设计包含了声音的设计。

4) 水的倒影

平静的水面像一面镜子，在镜面上能再现周围的环境，所倒映的景物清晰鲜明，别有一番情趣。

2. 水体的功能与作用

1) 景观功能

（1）基底作用

平静的水面，无论是规则式的，还是自然式的，都可以像草坪铺装一样，作为其他园林要素的背景和前景。同时，平静的水面还能映照出天空和主要景物的倒影，如建筑、树木、雕塑等。

（2）纽带作用

在园林中，水体可以作为联系全园景物的纽带。例如，扬州瘦西湖的带状水面延绵数千米，众多景物或临水而建，或三面环水，水体使全园景物逐渐展开，相互联系，成为有机整体。苏州拙政园中的许多单体建筑或建筑群都与水有不可分割的联系，水面将不同的建筑组合成一个整体，起到纽带作用(图 2-27)。

图 2-27 水体的基底和纽带作用

图 2-28 水体成为主景，构成视觉焦点

（3）焦点作用

流动的水通常令人神往，如瀑布和喷泉激越的水流和声响引人注目，会成为某一区域的焦点。充分发挥此类水景的焦点作用，可形成园林中的局部小景或主景（图 2-28）。

2）生态功能

（1）影响和控制小气候

水面上水的蒸发，能降低水面附近的空气温度，所以无论是池塘、河流还是喷泉，其附近的空气温度一般低于没有水的地方。大面积的水体还能影响其周围环境的空气温度和湿度。在夏季，由水面吹来的微风分外凉爽，因此同一地区有大面积水面与无水面的地方温度存在明显差异。

（2）控制噪声

水能减弱室外空间的噪声，特别是城市中机动车、人群和工厂的嘈杂声，可通过水来隔离噪声；利用瀑布或流水的声音来减少噪声干扰，制造一个相对宁静的氛围。

3）娱乐功能

亲水是人类的天性，园林设计中可以设计一处让人们亲水的活动场所。水体可以提供娱乐条件，作为游泳、钓鱼、赛艇和溜冰场所等（图 2-29）。

图 2-29 水的娱乐功能

3. 园林水景的分类

水景设计应以总体布局及当地的自然条件、经济条件为依据，因地制宜地合理布局水景的种类、形式。水景多以天然水源为主。

园林水景，按动静可分为静水和动水两大类。静态的水景，平静、幽深、凝重，其艺术构图常以倒影为主；动态的水景则明快、活泼，其形式丰富多样且形声兼备，可以缓冲、软化城市中"凝固的建筑物"和硬质地面，以增加城市的生机，有益于人们的身心健康并满足视觉艺术的需要。

按水体的外缘轮廓或其他承载物的形态，水景可分为自然式、规则式和混合式 3

种：自然式水景模仿天然形成的河、湖、溪、涧、泉、瀑等，水体在园林中随承载物的变化，有聚有散、有曲有直、有高有下、有动有静；规则式水景是人工开凿而成的几何形状的水面，如运河、水渠、圆池及几何形体的喷泉、瀑布等；混合式水景是前两种形式的综合应用。

4. 水景设计手法

水景的设计是园林设计的难点，它需要根据园林的不同性质、功能和要求，结合水体周围的其他园林要素，综合考虑工程技术、景观需要等来确定水体在园林中的体量大小和布局形式。

水体的形式不同，其基本特征也有所不同。应根据不同的水体特征，结合具体的地形和周围环境，创造不同的水体景观。

1) 静水设计

(1) 水池

水景中水池的种类众多，水池深浅和池壁、池底的材料也各不相同。按其形态可分为规则式和自由活泼的自然式；另外还有浅盆式与深水式；运用节奏韵律的错位式、半岛式与岛式、错落式、池中池式、多边形组合式、圆形组合式等。更有在池底或池壁运用嵌画、隐雕、水下彩灯等手法，得到更加奇妙的水景景象的。

①规则式水池　规则式园林中，水池外形轮廓多为规则的直线或曲线闭合而成的几何形，大多采用圆形、方形、矩形、椭圆形、梅花形、半圆形或其他组合类型，线条轮廓简单，常采用垂直水岸(图 2-30)。

②自然式水池　外形轮廓由无规律的曲线组成(图 2-31)。水体的岸线应该以平滑流畅的曲线为主，体现水的流畅柔美。驳岸及池底尽量以天然素土为主，并与地下水连通，以大大降低水体的更新及清洁的费用。自然式水池的驳岸常结合假山石进行布置。除本身外形轮廓的设计外，与环境的有机结合也是水池设计的一个重点，主要表现在获取水中倒影方面。水面波光粼粼，利用水池水面的倒影作借景，能丰富景物的层次，扩大视觉空间，增强空间的韵味，从而产生一种朦胧的美感。但必须确定好观赏点位置、水面大小、同其他形成倒影的园林要素之间的关系。

图 2-30　规则式水池

图 2-31　自然式水池

图 2-32   被岛分隔的湖面(南京玄武湖)

(2)湖

湖也属于静水,同水池一样,也可产生倒影、扩展空间。湖在园林中往往面积比较大,视野开阔,在构图上作为主景。园林中的静态湖面,设计应丰富,切忌空而无物。通常通过岛、桥、矶、礁等来分隔大水面空间而形成水体景观,增加水面的层次与景深,扩大空间感;或者通过在水中植莲、养鱼或水禽等来避免大水面空洞呆板,增添园林的景致与趣味(图 2-32)。

2)动水设计

(1)溪、涧及河流

溪、涧及河流都属于流水。在自然界中,水自源头集水而下,到平地时,流淌向前,形成溪、涧及河流。一般溪浅而阔,涧狭而深,流水汩汩而前。在平面设计上,应蜿蜒曲折、有分有合、有收有放,构成大小不同的水面或宽窄各异的河流。在立面设计上,应随地形变化,形成有高差的跌水(图 2-33)。同时应注意河流在纵深方向上的藏与露。

(2)瀑布

瀑布主要是利用地面落差和砌石而构成的落水。利用不同的落差、水流量的大小和落水的声音,组成独特的水景。自然界中,水总是集于低谷,顺谷而下,在平坦地便为溪水,逢高差明显便成瀑布。在人工营造瀑布景观时,应模拟自然界中的瀑布,按园林中的地形和造景需要来进行。最基本的瀑布由 5 个部分构成:上游水流、落水口、瀑身、受水潭、下游泄水,而主要观赏的是瀑身的景观,其中落水口决定瀑身,但也受水量大小的影响。因此在瀑布的设计上可通过水泵来设计水量,设定落水口的大小,形成预期的瀑布景观。瀑布按形象的势态分为直落式、叠落式、散落式、水帘式、薄膜式、喷射式;按瀑布的大小分为宽瀑、细瀑、高瀑、短瀑、涧瀑。综合瀑布的势态与大小可形成多种瀑布景观,如直落式高瀑、直落式宽瀑等(图 2-34)。

图 2-33   跌落小溪

图 2-34   人工创造的直落式宽瀑

（3）喷泉

喷泉又称喷水，是理水的重要手法之一，喷泉主要是用动力系统驱动水流，利用喷射的速度、方向、水花等变化创造出丰富的水形，配以灯光、音乐的变化，给人以神奇的感受。喷泉水姿多种多样，有直射形、编织形、集射形、放射形、散射形、鼓泡形、混合形、球形等。随着现代技术的发展，出现光、电、声控以及计算机自动控制的喷泉，促使喷泉的形式更加丰富多样。人工设置的喷水形式有：水池喷泉、旱池喷泉、浅池喷泉、舞台喷泉、自然喷泉、水幕影像等。喷泉常用于城市广场、公园、公共建筑中，或配合园林建筑和小品广泛地应用于室内外空间。喷泉多位于建筑、广场的轴线焦点或端点处，也可根据环境特点，做一些喷泉小景，它常与水池、雕塑同时设计，合为一体，起装饰和点缀园景的作用。

在选择喷泉的位置以及布置喷水池周围的环境时，首先要考虑喷泉的主题、形式，要使喷泉与环境融合协调，将喷泉和环境统筹考虑，用喷泉渲染和烘托环境，或借助于喷泉的艺术联想，创造意境，以达到装饰环境的效果（图 2-35）。

图 2-35　广场喷泉结合，营造活跃气氛

任务实施

1. 基址分析及构思草图

根据水体的设计手法及特点，结合场地现状以及地形设计成果，在设计范围内进行水景设计。以小组为单位，确定分工，并填写表 2-3。

表 2-3　分工情况

小组名称		任务名称	"书香致远、品读生活"校园景观水景设计	组长	
任务分工		成员	分工		

2. 深化完善及快速表现

根据场地现状、地形设计成果，深化完善水体景观设计，绘制该地块水体设计平面图、效果图，并附设计说明。

🍃 考核评价

姓名		工作任务	"书香致远、品读生活"校园景观水景设计							
序号	考核项目	考核内容	等级				分值			
			A	B	C	D	A	B	C	D
1	实训态度	实训认真，积极主动，操作仔细，认真记录	好	较好	一般	较差	10	8	6	4
2	设计内容	设计科学合理，符合绿地设计的基本原则，具有可达性、功能性、亲和性、系统性和艺术性	好	较好	一般	较差	20	16	12	8
3	综合应用能力	结合环境，综合考虑，满足功能和创造优美环境，通过树木配置创造四季景观，同时充分考虑到植物的生态习性和对种植环境的要求	好	较好	一般	较差	30	25	15	10
4	实训成果	设计图纸规范，内容完整、真实，具有很好的可行性，独立按时完成	好	较好	一般	较差	25	20	15	8
5	能力创新	表现突出，内容完整，立意创新	好	较好	一般	较差	15	10	8	4
合计得分										

任务 2-3　园路、铺装设计

工作任务

【任务描述】

完成任务 2-1 中场地内部园路与铺装设计。

【任务分析】

根据园路的功能与类型，以及广场铺装的功能与作用，结合场地内外交通现状进行园路的合理组织是园林设计师职业能力的基本要求之一。园路组织应能满足使用者的功能需求，沟通联系基地内部重要节点，实现场地交通通达、游览顺畅，通过不同样式、材质、色彩的铺装设计，丰富场地空间层次、强化园路的引导与暗示作用。

【工具材料】

草图纸、绘图笔、橡皮、马克笔、彩铅、比例尺等绘图工具。

🍃 **知识准备**

1. 园路设计

1) 园路功能与类型

（1）园路功能

园路像人体脉络一样，是贯穿全园的交通网络，是联系各个景区和景点的纽带和风景线，是园林构成要素之一。园路的走向对园林的通风、光照、环境状况都有一定的影响。因此，无论从实用功能方面，还是美观方面，园路均发挥着重要的作用。

①组织交通　园路承载着最基本的交通功能，包括游人的集散、疏导和组织交通。此外，还承担园林建设、养护、管理等工作的运输任务，供人、车通行。

②划分空间　园路作为一个体系是园林空间的骨架，园林构成五要素把全园分隔成不同功能的节点，同时又通过园路，把各景区、景点联系成一个整体。园路是一种线状通过性的空间，把园林空间划成不同形状、不同大小，构成空间结构，塑造空间形态。

③引导游览　园路是园林中景点之间相互联系的纽带，它不仅解决园林的交通问题，还是园林景观的导游脉络，引导游人从一个景区到另一个景区，从一个景点到另一个景点。园路通常因其主次功能划分成宽度不同的等级，不同等级的园路串联着不同等级的单元空间，起着不同层次的引导作用。合理且科学的园路组织能够自然而然地引导游人按照预定路线有序游览。

④构成景观　在园林中，园路与地形、植物、建筑等要素，共同构成园林艺术的统一体。园路形式作为园林中设计语言体现的直接手段，或曲或折、连贯延伸，从不同方面、不同角度与园内建筑和植物共同组合成景。另外，可利用园路的形式和铺装的材料在某种特定的环境中渲染出特定的园林气氛，从而营造一定的园林意境。

⑤排水　一般路面应有8%以下的纵坡和1%~4%的横坡，以保证园路的排水需求。因此园路是园林当中主要的明渠排水途径。

（2）园路类型

常见的园路分类方式有根据功能等级分类和根据铺装材料分类。

①根据功能等级分类　一般园路可分3个等级，即主干道、次干道和游步道（表2-4）。

表 2-4　园路分类与技术标准

分类	路面宽度（m）	游步道宽（路肩）(m)	车道数（条）	路基宽度（m）	红线宽（含明沟）(m)	允许车速（km/h）	备注
主干道	3.5~7.0	≤2.5	2	8~9	—	20	—
次干道	2.0~3.5	≤1.0	1	4~5	—	15	—
游步道	1.0~2.0	—	—	—	—	—	—

主干道：是园林道路系统的骨干，与园林主要出入口、各功能分区以及主要建筑物、重点广场和景点相联系，是游览的主线路，也是各分区的分界线，形成整个道路系统的骨架，多呈环形布置，一般宽 3.5~7.0m。

次干道：为主干道的辅助道路，呈支架状，是贯穿各功能分区、联系各景区内重要景点和活动场所的道路，路宽一般为 2.0~3.5m。

游步道：是园路系统的最末梢，是供游人休憩、散步、游览的通幽曲径，是各景区内连接各个景点、通达园林各个角落的游览小路，能够融入绿地及幽景，是通达广场、园景的捷径，可引导游人深入景点。一般宽度为 1.0~2.0m，有些游览小路宽度甚至会小于 1.0m，具体因地、因景、因人流量而定。

②根据铺装材料分类

整体路面：是由沥青混凝土或水泥混凝土整体浇筑而成的路面，这类路面也是在园林建设广泛应用的一类。路面平整、耐压、耐磨，具有强度高、耐用结实、整体性好的特点，但不便维修且观赏性一般。适用于车辆通行以及人流集中的园林主干道和出入口广场区域。

块料路面：是用石板、大方砖、天然块石或各种预制板铺设而成的路面，这类路面坚固、防滑、稳定、简洁，能消减路面反光，并能铺设成各种造型图案，同时也便于维修施工时的拆补。适用于通行轻型车辆的路段、游步道、广场等。

碎料路面：是用各种碎石、卵石、瓦片及其他碎状材料组成的路面。这类路面铺装材料价格低廉，能铺成各种纹样，寓意丰富、巧夺天工，但对施工工艺要求较高。主要用于庭园和各种游步道中。

简易路面：由三合土、碎石等组成的临时性或过渡性路面。

2) 园路的设计手法

(1) 园路布局形式

园路的布局形式取决于园林的规划形式。常见的园路系统布局形式有棋盘式、套环式、树枝式、条带式。

①棋盘式园路系统　也称网格式园路系统，其特征是：主干道为整个布局的轴线，次干道和其他道路沿轴线对称，组成闭合的“棋盘”。棋盘式园路系统适用于规则式园林，道路规律性强，由道路所划分的地块都形成规则的地块。但这种布局形式表现力弱，会受到地形的限制，较适用于平地[图 2-36(a)]。

②套环式园路系统　特点是主干道、次干道和游步道构成的环路之间是环环相套、互通互连的关系，其中少有尽端式道路。这样的道路系统可以让游人在游览过程中不走回头路。套环式园路是最适合于公共园林环境的，并且在实践中也是最为广泛应用的一种园路系统[图 2-36(b)]。

③树枝式园路系统　适用于以山谷、河谷地形为主的园林或风景区。主干道一般布置在谷地，两侧山坡上的多数景点都是与从主路分出支路相连，次干道和游步道可以是尽端式的，也可以是环路。尽端式支路使得游人到达景点后，从原路返回到主路再向上行。因此，从游赏的角度看，是游览体验感较差的一种布局形式，在受到地形限制时不得已而采用[图 2-36(c)]。

④条带式园路系统　较适用于地形狭长的园林中。这种园路布局形式是：主干道呈条

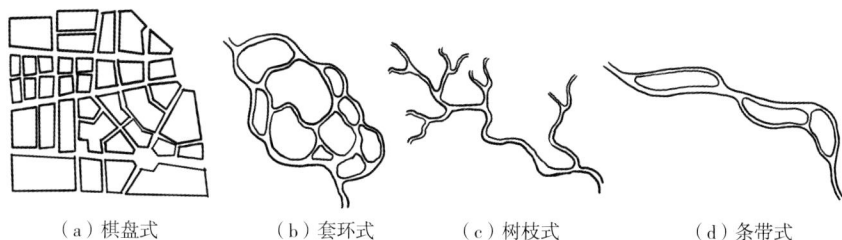

（a）棋盘式　　　（b）套环式　　　（c）树枝式　　　（d）条带式

图 2-36　园路布局形式

带状，始端和尽端各在一方，不闭合成环。主路的一侧或两侧，通常穿插一些次干道和游步道，次干道和游步道之间可以局部闭合成环路［图 2-36（d）］。

（2）园路布局设计原则

园路设计需要充分体现实用功能和造景功能，既要与场地协调统一，又要充分展现其艺术性，必须遵循以下原则：

①因地制宜　园路的布局设计，必须结合地形地貌。一般园路宜曲不宜直，贵在合乎自然，追求自然野趣，依山随势、回环曲折、曲线流畅。

②满足实用功能，以人为本　园路设计必须优先满足行人的使用功能。也就是说，设计的园路必须满足导览和组织交通的功能，必须首先考虑为人服务、满足人的需求。

③综合园林氛围进行布局设计　园路是园林的重要组成部分，园路的布局设计一定要坚持"路为景服务"，做到因路设景，同时也要使路与其他造景要素很好地结合，使整个园林更加和谐，并创造出一定的意境。例如，为了适合中老年人游览，应设计轻松悠闲的园路氛围；为了配合园林的肃静气氛，应设计庄重严肃的园路氛围；为了满足青少年冒险的心理，宜在园林中设计紧张急促的园路氛围。

（3）园路设计方法步骤

①结合相关资料进行充分的分析研究，从而初步确定园路布局风格与特点；

②认真分析园林空间中景点、景区的风格特色、功能、性质等；

③综合分析园林周边的交通景观现状，必要时可与有关单位联合分析；

④研究设计场地内的种植设计情况；

⑤综合前期分析研究，确定主干道的位置、布局和尺度；

⑥以主干道为骨架，用次干道进行景区的划分，并通达各区景点；

⑦以次干道为基点，结合各区景观特点，具体设计游步道；

⑧形成布局设计图。

（4）园路设计应注意的问题

要使园路布局合理，除遵循以上原则外，还应注意以下几方面的问题：

①两路相交所成的角度不宜小于 60°。若因实际情况限制，角度太小，可以在交叉处设立三角绿地，使交叉所形成的尖角得以缓和［图 2-37（a）］。

②由主干道发出的次干道分叉的位置，宜在主干道凸出处，这样显得流畅自然［图 2-37（b）］。

③道路需要转换方向时，离原交叉点要有一定长度作为方向转变的过渡。两条直线

图 2-37　园路布局设计

道路相交时，可以正交，也可以斜交。为了美观实用，要求交叉在一点，且对角相等，这样显得自然和谐[图 2-37(c)]。

④3 条园路相交时，3 条园路的中心线应交汇于一点，否则会显得杂乱。

⑤在较短的距离内，道路的一侧不宜出现两个或两个以上的道路交叉口，尽量避免多条道路交接在一起。如果无法避免，则须在交接处设置一个广场。

⑥道路交叉处都宜采用倒角，每个转弯都要圆润。

⑦自然式道路在通向建筑正面时，应逐渐与建筑对齐并趋于垂直；在顺向建筑时，应与建筑趋于平行。

⑧两条相反方向的曲线形园路相遇时，在交接处要设置较长的直线形园路，切忌"S"形。

2. 广场铺装设计

1) 广场铺装的功能与作用

(1) 划分与界定功能空间

游人在园林中的主要活动空间，是园路和广场。园林中硬质地面的比例控制，在设计时会按照相关因素给予确定。在不通过其他园林构成要素分隔空间时，利用不同材质、纹样、色彩的铺装可以实现划分与界定不同功能空间的作用。

(2) 空间引导和暗示

铺装能提供方向性，引导视线从一个目标移向另一个目标。铺装材料及其在不同空间中的变化，能表示出不同的空间用途和功能。尤其在线性空间中，通过改变材质、尺度、色彩等方式设计铺装，可以增添空间的线性引导作用。

(3) 影响空间的尺度与比例感

铺装的尺度与形状会给予人不同的感受。每一块铺料的大小，以及铺砌形状的大小和间距等，都能影响人对铺面的比例感。形体较大、较舒展，会使人对空间产生宽敞的尺度感；而较小、紧缩的形状，则使人对空间产生压缩感和亲密感(图 2-38)。

(4) 统一和作为背景

铺装地面作为景观空间的底界面之一，有统一协调设计的作用。这是利用其可作为其他设计要素的背景来实现的。即使其他设计要素在尺度和特性上有着很大的差异，但在总体布局中，因处于共同的铺装之中，便形成一个整体。当铺装地面具有明显或独特的形状，易被人识别和记忆时，还可起到重要的强调空间要素统一的作用。在园林中，铺装地面还可以被

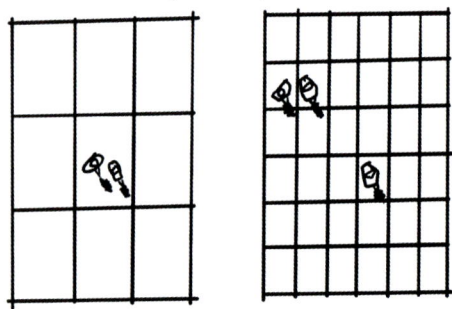

图 2-38　铺装比例不同，影响使用者的空间尺度感

看作是一张空白的桌面或白纸，为其他主要景物的布局和安置提供基础。

(5)构成空间个性，形成视觉冲击

用于设计的铺装材料及其图案和边缘轮廓，能对所处的空间产生重要影响，能形成和增强一些空间个性，使人产生不同的空间感。就特殊材料而言，方砖能赋予空间以温暖亲切感；有角度的石板会形成轻松自如、不拘谨的气氛；混凝土会令人产生冷清的感受；有色彩的铺装则可以增添空间活力，形成视觉冲击。

2)广场铺装细部设计

(1)广场铺装的材料

铺装地面应用广泛，在铺装材料的选取方面应该仔细考虑，掌握不同材料的类型和特点，这样才能根据用途和样式选择合适的材料。另外，还应根据不同气候条件选择不同性能的铺装材料，如南方炎热多雨，应采用吸水性强、表面粗糙的材料，在雨季起防滑作用；而北方寒冷地区应选择吸水性差，表面粗糙且坚硬的材料，这样才能防滑防冻，不易损坏(表 2-5)。

表 2-5　面层材料、特点及适用场合

类别	名称	基本规格要求	特征	适用场合
天然硬质砌块材料	石板	规格大小不一，但角块不宜小于 200cm，厚度不宜小于 50cm	破碎或呈一定形状的砌板，粗犷、自然，可拼成各种图案	适用于广场或重要的活动场所，不宜通行重型车辆
	块石、条石	大石块面大于 200cm，厚 30~60cm；小石块面 80~100cm，厚 30~60cm	坚固、古朴、整齐的块石铺地，肃穆、庄重	适用于建筑入口、广场、大型游憩场所等场地
	小料石	规格大小不一，一般小于 150cm，厚度在 30~90cm	耐磨、独特的表面质感，古朴、粗犷，质感凹凸变化，可平滑、可粗糙	适用于几何变化丰富，有弧度变化的广场、人行步道
	大理石片	规格不一	质地富丽、华贵，装饰性强	适于较平坦的园林铺地，表面光滑，不宜用于坡地
	卵石	根据需要确定规格	细腻、圆润、耐磨、色彩丰富、装饰性强，排水性好	适于各种通道、庭院铺装，但易松动滑落，施工时应注意长扁搭配，以便清扫
人工硬质砌块材料	混凝土砖	机砖 400cm×400cm×75cm 或 400cm×400cm×10cm 小方砖 250cm×250cm×250cm	坚固、耐用、平整、反光率大，路面要保持适当的粗糙度	可做成各种彩色路面，适用于广场、庭院、公园主干道
	面砖	规格形状不一	质坚、容量小、耐压耐磨，能防潮	小尺度广场、庭院空间
	青砖、大方砖	机砖 240cm×115cm×53cm 或 500cm×500cm×100cm	端庄典雅，耐磨性差	宜在冰冻不严重的地区使用。但不宜用于坡地和阴湿地段，易生青苔，使人跌滑

（2）**铺装的纹样**

铺装纹样都是以点、线、面为基本形态要素，在几何纹样的基础上变化和发展起来的，进而丰富铺地景观空间。主要有以下几种类型：

①几何纹样   是最简洁、最概括的纹样形式，可运用各种排列方法，通过分解与重构，形成无数新的图形。几何纹样通常利用砖、瓦、石等材料结合完成。

②文字纹样   在我国传统园林铺地中，经常将一些如"福""寿"等的吉祥文字以及一些诗词歌赋结合几何纹样、植物纹样运用到铺地图案中。

③动物纹样   龙、麒麟、马、鸟、鱼、蝙蝠、昆虫都是常用的动物纹样。古人通常将这些寓意祥瑞或象征权贵的动物造型运用到铺地图案中，表达吉祥的寓意或表达情趣。

④植物纹样   植物纹样美观，且有些植物具有独特的含义。如荷花寓意"步步生莲"；石榴、葡萄等植物果实象征着丰收等。

⑤综合纹样   在一些地位尊贵、规模宏大的园林中，通常会用到一些叙述性的大型铺地图案。这些铺地图案的元素一般包括风景、动植物、人物形象等，称为综合纹样。

（3）**广场铺装的色彩设计**

铺装色彩的搭配和应用，应符合色彩的统一变化原则，以产生适度的均衡效果。色彩是视觉艺术造型的语言和情感媒介，具有诱目性。同一色彩的轻度变化可以丰富大面积单色调的地面；色彩素雅的铺装为休息场地营造出轻松、无视觉负担的环境；儿童活动区可以使用色彩鲜明或者充满童趣的趣味铺装；对于政府机关单位前广场、纪念广场等严肃场所则可选用一些灰色调的铺装；江南古典园林粉墙黛瓦，其地面花街铺地运用卵石、瓦片、缸片等形成具有文化寓意的铺地纹样，作为一种行走的文化艺术，丰富着园林空间（图2-39）。

图2-39   "十字海棠纹"花街铺地

（4）**广场铺装的搭配与组合**

在铺装设计中，使用功能、设计理念、环境风格不同，铺装的组合方式也不尽相同。

例如，娱乐休闲广场、商业街、儿童活动空间等应该选用小尺度铺装为主的材料进行组合布置，而对于市政广场、纪念广场，可以通过简洁的大尺度铺装为主的设计来烘托其肃穆庄严、宏伟壮观的气氛。

🍃 任务实施

1. 基址分析及构思草图

以小组为单位，确定在项目实施过程中的主要分工，填写表2-6。根据任务描述进行分析，构思设计理念，勾画铺装设计草图，并进行组内研讨互评，老师针对共性问题分组点评指导。通过组内交流点评，明确设计方向。

表 2-6　分工情况

小组名称		任务名称	"书香致远、品读生活"校园景观园路及铺装设计	组长	
分组情况		成员	分工		

2. 深化完善及快速表现

通过组内交流研讨、互评和教师点评，完成铺装设计图的草图修改及深化完善，并运用绘图工具，进行设计图纸的手绘快速表现。

🍃 考核评价

姓名		任务名称		"书香致远、品读生活"校园景观园路及铺装设计							
序号	考核项目	考核内容		等级				分值			
				A	B	C	D	A	B	C	D
1	学习态度	态度认真，积极主动，认真记录		好	较好	一般	较差	10	8	6	4
2	设计内容	设计科学合理，符合园林设计的基本原则，具有可达性、功能性、亲和性、系统性和艺术性		好	较好	一般	较差	20	16	12	8
3	综合应用能力	结合周边环境综合考虑，能从宏观、中观、微观层面进行分析、设计。方案设计理念与构思具有创意，方案注重满足不同人群功能需求；空间布局合理，空间形态具有设计感。兼顾科学性与艺术性，合理设计园林构成要素		好	较好	一般	较差	30	25	15	10
4	任务成果	设计图纸规范、内容完整，具有独创性，兼顾科学性与艺术性，独立按时完成		好	较好	一般	较差	25	20	15	8
5	能力创新	表现突出，内容丰富，立意创新		好	较好	一般	较差	15	10	8	4
合计得分											

任务 2-4　园林植物种植设计

工作任务

【任务描述】

在完成任务 2-1 地形、水景、园路及铺装设计的基础上进行园林植物种植设计，包括乔木、灌木、地被三个层次的植物配置。

【任务分析】

根据园林植物的功能与作用、设计原则与设计方法，结合场地环境进行植物配置，是园林设计师职业能力的基本要求之一。种植设计需满足使用者的功能需求，满足景点空间的观赏效果，植物种植设计对于优化提升园林构成五要素之间的关系有着重要的作用。

【工具材料】

草图纸、绘图笔、橡皮、马克笔、彩铅、比例尺等绘图工具。

🍃 知识准备

1. 园林植物功能与作用

1) 改善城市生态环境

植物能有效地改善城市小气候。相关资料显示，夏季 7~8 月城市内草地气温比柏油路面低 8~16℃，树林下气温比裸土地低 3~5℃。盛夏时有垂直绿化的外墙墙面温度比没有垂直绿化的墙面低 10℃左右，公园的湿度比市区高 20%~30%，行道树能提高相对湿度 10%~20%。植物通过吸收、转化、分解污染物，吸附粉尘和杀灭细菌而起到净化空气、土壤和水体的作用。植物的光合作用吸收二氧化碳、释放氧气。有资料显示，每公顷园林绿地平均每天能吸收二氧化碳 1767kg，放出氧气 1230kg。城市人口密集、工业发达，是碳氧失衡严重的地区，植物对城市局部环境的碳氧平衡发挥着重要作用。植物还能通过对声波的吸收、反射，降低噪声污染。由此可见，园林植物对改善城市生态环境的作用是极其明显的。

2) 保护城市环境

（1）涵养水源、保持水土

①增加降水　植物的蒸腾作用可以增加所在区域的湿度，能够增加雾、露，以及夜雨，从而起到增加小区域降水的效果，在气候干旱且炎热的地区，合理地配置植物可以有效改善区域小气候。

②蓄水　植物扎根吸取土壤中的水分、养分生长，根系在生长的同时还起着保水的作用；植物经过春夏的发芽繁茂，于秋季时叶落归根，其枯枝落叶同样可以吸附雨水，增加

区域土壤含水量。

③使地表免于冲刷　林冠和林下植被层就像一把伞，削减了雨滴势，也拦截了部分降水。植物截留量可视为由两部分组成，一是降水过程中从枝叶表面蒸发的水量；二是降水终止时枝叶上存留的水量，这部分最终也消耗于蒸发。截留后，一方面阻止了雨滴击溅表土，避免了土壤颗粒被击碎；另一方面，大大减少了落到地面的降水量，从而减少了地表径流量，也减少了土壤侵蚀量。

林冠越低，郁闭度越大，林下植被越茂密，这个作用就越明显。在中纬度地区，一个基本郁闭的森林生态系统，可截留当年降水量的 15%～30%。其中乔木冠层对降水有较强的截持能力。

④改善土壤性质　枯枝落叶层腐烂后，形成腐殖质等有机质，参与土壤团粒结构的形成，增加粗粒土壤和增加黏重土壤的孔隙度，使前者持水量增加，后者易于通气透水，促进雨水的迅速下渗，从而减少了地表径流对土壤的冲刷。

⑤抑制土壤蒸发　枯落物覆盖林下土壤表面，阻碍了土壤表面水分蒸发，减少土壤蒸发量。

综上，枯枝落叶层是保持水土、涵养水源的核心层次，保持枯枝落叶层不被破坏，对防止水土流失具有决定性的意义。

（2）防风固沙

密不透风的树林可以起到降低风速的作用，生长迅速、枝干具韧性、不易弯断、根系深广、抗病虫能力强、寿命长而又有一定经济效益的大乔木不但防风还可固沙，如三北防护林——中国三北地区(西北、华北和东北)建设的大型人工林业生态工程，有效减少了沙尘天气。

（3）监测环境

采用一些对污染物没有抗性的"敏感"植物，如杉木、月季、菠菜、胡萝卜、枫杨、连翘、雪松、合欢等可对二氧化硫进行监测；葡萄、杜鹃花、樱桃、李、杏等可对氟气和氟化物监测；丁香、牡丹、女贞、番茄、莴苣等可监测臭氧；木棉、石榴、桃、苹果、一串红、凤仙花等可对氯气和氯化氢进行监测；草本和低等植物较木本植物对大气污染的反应更加敏感，如苔藓、紫花苜蓿等。

（4）其他防护作用

植物有厚木栓层、富含水分、并且恢复生长容易，例如，苏铁、珊瑚树、棕榈、桃叶珊瑚、银杏等可以起到防火的作用；栎属的植物还可以起到抗放射性污染的作用；在多风雪地区可以用树林形成防雪林带以保护公路、铁路和居住区；在热带海洋地区可于浅海泥滩种植红树林作防浪林或沿海防护林。

3) 美化视觉景观

植物是园林构成要素之一，而且是其中唯一具有生命力的要素。作为园林中生长的景观，没有植物就不能称为真正的园林。

观赏树木是植物造景中最基本、最重要的素材，可作为前景、配景以及背景，在空间造景中起着举足轻重的作用。例如，树木在景区中可作为特色一景，如黄山迎客松、南京

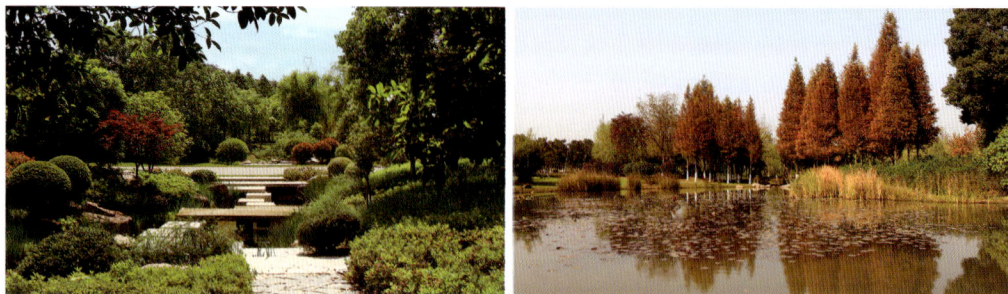

图 2-40　植物季相之美

梅花山、北京香山红叶等；可以将其他分散的园林构成要素，如建筑、微地形、水体等联系起来，增强空间整体感；绿篱、行道树等还可划分空间、界定空间；行列式种植可以形成视线通廊，从而控制视线。随着季节的变化，园林植物呈现不同的季相变化，四季之景皆不同（图 2-40）。

4）构筑审美意趣

园林植物具有优美的姿态、丰富的色彩、沁人的芳香，植物在"比德""比兴"等文化寓意的托物言志中，一直是主要素材。竹子中空有气节，是中国文人最喜爱的植物之一，因其"未曾出土先有节，纵凌云处也虚心"，所以苏东坡有"宁可食无肉，不可居无竹"之感叹，松竹绕屋也成为古代文人喜爱之处；再如"万花敢向雪中出，一树独先天下春"的梅花精神，"出淤泥而不染，濯清涟而不妖"的荷花写照；李清照心目中的桂花则更为高雅："暗淡轻黄体性柔，情疏迹远只香留"。植物所代表的象征意义还被上升为地区文明的标志和城市文化的象征。如椰子就是南国风光的典型代表，而北方城市中的白杨则象征着无畏的精神；又如上海的市花白玉兰，象征着勇于开拓、奋发向上的精神；而广州的木棉，则象征着蓬勃向上的事业和生气（图 2-41）。在吸收古典园林意境美的基础上，把时代所赋予的植物文化内涵与园林景观有机地结合在一起，能创造富有特色及文化内涵的现代园林植物景观。

竹　　　　　　　　荷　花　　　　　　　　梅　　　　　　　　木　棉

图 2-41　植物的意蕴之美

2. 园林植物种植设计基本原则

　　园林植物种植设计应以乔木为主，常绿与落叶，速生与慢生，乔、灌、草有机结合，师法自然，形成稳定的植物群落景观。在种植设计中必须遵循一定的原则，才能充分保证和发挥园林植物的景观效果和功能作用。

1）功能性原则

　　园林植物种植设计，首先要从园林绿地的性质和功能出发。园林绿地的种类不同、区位不同、需求不同，其性质和功能就不相同。如街道绿地的主要功能是遮阴、吸尘、隔音、美化等，因此要选择对土、水、肥要求不高，耐修剪，树冠高大挺拔，叶密荫浓，生长迅速，抗性强的树种作为行道树，在美化市容的同时，既要保证荫蔽也要保证视线的通透；综合性公园，则要考虑满足不同年龄人群的多种需求，要有可集会的广场或大草坪，有遮阴的乔木，有赏心悦目的乔、灌、草搭配，有静谧的林下空间和引人入胜的绚烂花海等；医院、护理院等庭园则应注意周围环境的卫生防护和噪声隔离，可在周围种植密林，而在病房、诊治处附近的庭园多植特色花木起到园艺疗法的功效；工厂等单位附属绿地的主要功能是防护，工厂的厂前区、办公室周围的园林植物种植应以美化环境为主，而远离车间的休闲绿地主要供休息使用。

2）艺术性原则

　　美观的植物景观必须体现科学性与艺术性的统一，既满足植物与环境在生态适应上的统一，又要保证植物个体及群体在艺术构图上体现形式美，以及人们欣赏时所产生的氛围美。植物景观中艺术性的创造是极为复杂的，需要巧妙地利用植物的形态、色彩、规格等进行构图，并通过植物的季相变化来创造瑰丽的景观，表现其独特的艺术魅力。

（1）符合园林布局形式的要求

　　园林植物配置是建立在园林空间布局基础上来组织的，层次、疏密都是根据布局需求来进行合理化组织的，是人们主观情感和客观环境相结合的产物。不同的园林形式决定了不同的立意方式。如节日中的公园，应营造出热闹、欢快、喜庆的氛围，色彩上以暖色调为主（图 2-42）；烈士陵园应以庄严、肃穆为基调，色彩以冷色调为主。因此，园林植物种植设计应结合园林特色，选取与氛围及要表达的意境一致的植物组合，做到与园林形式的

图 2-42　热闹欢快的节日气氛

协调统一。

(2) 合理设计园林植物的季相景观

园林植物的季相景观可以体现园林的时令变化，使游人感受到明显的季节更替，表现出园林植物特有的艺术效果。如春季山花烂漫，夏季荷花连连，秋季层林尽染（图2-43），冬季梅花傲雪等。园林植物的季相景观需要在设计时总体考虑植物的周期性，根据不同的景观特色精心搭配。设计时要兼顾季相后的景色。如樱花开时花色烂漫，但花谢后却较平淡，因此要做好与其他植物的搭配，使得四季有景可观。

(3) 充分发挥园林植物的观赏特性

园林植物个体的高低、形、色、香、姿以及成组配置是丰富多彩的。在园林植物组合搭配时，既要考虑个体的观赏特性，也要充分发挥植物组团形成的观赏效果（图2-44）。

(4) 注重与其他园林要素的配合

在进行植物配置时，要考虑植物与山体、水体、建筑、道路等园林要素之间的关系，植物作为重要的配景，要注意植物作为前景、中景、背景时与构成要素之间的协调与统一，使之成为一个有机整体（图2-45）。

图2-43 入秋的公园植物景观

图2-44 发挥植物观赏特性的植物配置

图2-45 植物与其他园林构成要素的和谐与统一

3) 科学性原则

(1) 因地制宜，满足园林植物的生态要求

不同的植物有不同的功能、习性和对立地条件的要求，包括土壤、温湿度、移栽季

图 2-46　因地制宜、具有地域特色的植物配置

图 2-47　合理设计种植密度的植物配置

节、光照等。首先，要按照植物的生态要求来科学地进行植物配置，以顺应植物的生长规律。其次，要尽量选用乡土树种，适当选用已经驯化成功的外来树种。最后，针对不同的城市、气候、文化、经济、社会状况等，园林植物的设计也应有所不同，园林植物的选择和配置应是城市植物文化和其他特征的显著标志(图 2-46)。

(2)合理设计种植密度，创造稳定的植物群落

应根据成年树冠大小来决定植物种植密度。植物种植的密度是否合适，会直接影响到园林绿化功能的发挥，若要在短期内取得较好的绿化效果，可适当密植，将来再移植。另外，在进行植物搭配和确定密度时，要兼顾常绿树与落叶树、速生树与慢生树、乔木与灌木、木本植物与草本花卉之间的比例，充分利用不同生态位植物对环境资源需求的差异，合理设计植物的组成和结构，以保证在一定时间内形成稳定的植物群落(图 2-47)。

4)经济性原则

植物配置要在节约成本、方便管理的基础上，以最少的投入获得最大的生态效益和社会效益，改善城市环境、提高城市居民生活环境质量服务。例如，可以保留园林绿地原有树种，慎重使用大树造景，按照节约型园林绿地建设的要求，大量使用乡土树种和应用自衍花卉等，以减少种植后的养护和管理费用。

3. 园林植物种植设计方法

1) 种植形式

(1) 规则式种植

规则式种植在平面上，大致沿中轴线左右对称，并且按固定方式排列。在规则式种植中，草坪高度和边界往往被严格控制。花卉布置成以图案为主题的模纹花坛。乔木以对称式或行列式种植为主，有时还刻意修剪成各种几何形体。灌木也常常等距直线种植，或修剪成规整的图案作为大面积的构图，或作为绿篱，既严谨又统一(图2-48)。

(2) 自然式种植

自然式种植是模仿自然界森林、草原、湿地等景观及农村田园风光，结合地形、水体、道路来组织植物景观，不要求严整对称和突出轴线，不进行整齐化修剪，利用自然的植物形态，运用点景、借景、框景、障景、对景等手法，形成有效的景观控制。自然式种植体现了静谧、畅达、灵动的氛围(图2-49)。

图2-48　规则式种植

图2-49　自然式种植

(3) 混合式种植

混合式种植是规则式种植与自然式种植的结合，一方面，利用植物规则式种植来强化入口、建筑、道路或广场等规整的几何空间；另一方面，利用乔木、灌木等有机组合，保留自然式种植的特点。

2) 常见园林植物景观设计方法

(1) 乔木和灌木景观设计

乔灌木是园林植物种植中的骨干材料，在城市的绿化中起骨架作用，乔木形体高大、枝叶繁茂、绿量大、生长年限长、景观效果强，在种植设计中占有举足轻重的地位。灌木在园林植物群落中属于中间层，起着乔木与地面、园林其他要素与地面之间的联结和过渡作用。乔灌木景观设计方法通常有以下几种(图2-50)。

①孤植　是指在空旷地上孤立地种植一株或几株同类树木，表现单株栽植效果的种植类型。孤植树在园林中常作主景构图，展示个体美，如树木奇特的姿态、浓艳的花朵、硕大的果实等。孤植树的种植地点要求空间比较开阔，且尽可能以天空、水面、草坪、树林等色彩单纯而又有一定对比变化的背景

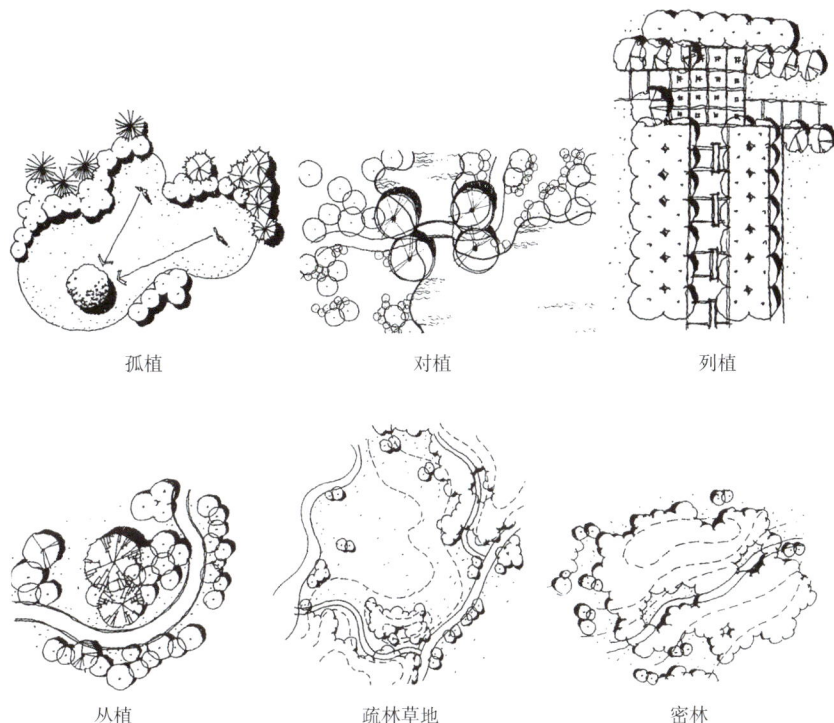

| 孤植 | 对植 | 列植 |

| 丛植 | 疏林草地 | 密林 |

图 2-50　乔灌木景观设计方法

加以衬托(图 2-51)。

　　适合作孤植树的植物种类有：香樟、雪松、白皮松、银杏、白玉兰、鸡爪槭、合欢、元宝枫、木棉、凤凰木、枫香等。

　　②对植　是指用两株或两丛相同或相似的树，按一定的轴线关系，左右两边均衡对称栽植。在构图上形成配景或夹景，很少作主景。对植多应用于大门的两边、建筑物入口、广场或桥头的两旁。在公园门口对植两株体量相当的树木，可以对园门及其周围的景观起到很好的引导作用，如广州中山纪念堂前左右对称栽植的植物。

　　对植对树木的选择不太严格，无论是乔木、灌木，只要树形整齐美观均可采用。对植的树木在形体大小、高矮、姿态、色彩等方面应与主景和环境协调一致(图 2-52)。

图 2-51　孤　植

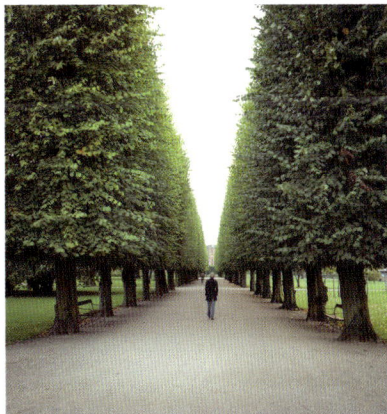

图 2-52　对　植

图 2-53 北京中山公园列植银杏

③列植 是指乔灌木按一定的直线或曲线排成行的栽植方式。列植可以是单行，也可以是多行，其株行距的大小取决于树冠的成年冠径。列植的树种树冠宜整齐。枝叶稀疏、树冠不整齐的树种不宜选用。由于列植的地点一般受外界环境的影响大，立地条件较差，因此在树种的选择上，应尽可能采用生长健壮、耐修剪、树干高、抗病虫害的树种。在种植时要处理好与道路、建筑物，以及地下和地上各种管线的关系(图 2-53)。

④篱植 绿篱是耐修剪的灌木或小乔木，以相等的株行距，单行或双行排列而组成的规则绿带。它在园林绿地中的应用很广泛，形式也较多。在园林中常作边界、空间划分、屏障用，或作为花坛、花境、喷泉、雕塑的背景与基础造景等。

绿篱按照高度可分为绿墙(160cm 以上)、高绿篱(120~160cm)、中绿篱(50~120cm)、矮绿篱(50cm 以下)；按修建方式可分为规则式及自然式两种；按观赏和实用价值又可以分为常绿篱、落叶篱、彩叶篱、花篱、观果篱、编篱、蔓篱等多种(图 2-54)。

⑤丛植 通常是由几株到十几株乔木或乔灌木按一定要求栽植而成的。丛植可形成有较强的整体感，是园林绿地中常用的一种种植方式，以反映树木的群体美为主。从景观角度考虑，丛植须符合多样统一的原则，所选树种的形态、姿势及其种植方式要多变，所以要处理好株间、种间的关系。整体上要密植，局部又要疏密有致。树丛作为主景时四周要空旷，有较为开阔的观赏空间和通透视线(图 2-55)。

⑥群植 是由十几株到二三十株的乔灌木混合成群栽植的种植形式。群植可以由单一树种组成，也可由数个树种组成。由于群植的树木数量多，特别是对较大的树群来说，树木之间的相互影响、相互作用会变得突出，因此要注意各种树木的生态习性，创造满足其生长需要的生态条件。从生态角度考虑，高大的乔木应分布在树群的中间，亚乔木和小乔木在外层，花灌木在更外围，要注意耐阴种类的选择和应用；从景观营造角度考虑，要注意树群林冠线起伏，林冠线要有变化，主次分明，高低错落，有立体空间层次，季相丰富(图 2-56)。

图 2-54 绿 篱

图 2-55　丛　植

图 2-56　群　植

图 2-57　疏　林

图 2-58　密　林

⑦林植　成片、成块大量栽植乔灌木，以构成林地和森林景观的栽植方式称为林植，又称树林。林植多用于大面积公园的安静区、风景游览区或休疗养区以及生态防护林区和休闲区等。根据树林的疏密度可分为疏林和密林。

疏林：郁闭度 0.4~0.6，常与草地结合，故又称疏林草地。疏林中的树种应具有较高的观赏价值，树冠宜开展，树荫要疏朗，生长要强健，花和叶的色彩要丰富，树枝线条要曲折多变，树干要有观赏性，常绿树与落叶树的搭配要合适(图 2-57)。

密林：郁闭度 0.7~1.0，阳光很少透入林下，所以土壤湿度比较大，其地被植物含水量高、柔软、脆弱、不耐踩踏，不便于游人进行大量活动，仅供散步、休息用，给人以葱郁、茂密、林木森森的景观享受(图 2-58)。

（2）花卉景观设计

①花坛　在具有一定几何轮廓的种植床内，种植各种不同色彩的观花、观叶等园林花卉，从而构成一幅富有鲜艳色彩或华丽纹样的装饰图案以供观赏，此种花卉应用方式称为花坛。花坛在园林构图中常作为主景或配景，具有较高的装饰性和观赏价值。

花坛分类：花坛按照形式可分为独立花坛、组合花坛、立体花坛；按照种植材料可分为盛花花坛、草皮花坛、木本植物花坛、混合花坛。

花坛设计：花坛突出的是植物的色彩和图案构图，多采用一、二年生草本花卉，少用木本和观叶植物。花坛用花要求花期一致、开花繁茂、株型整齐、花色鲜艳、开花时间长的品种，常用的有三色堇、金盏菊、金鱼草、紫罗兰、福禄考、石竹类等。种植时植株距

图 2-59 第十届中国花卉博览会
庆祝建党 100 周年花坛

离紧凑，在开花时才能达到"只见花、不见叶"的效果。

花坛的体量与位置都要与周围环境相协调。花坛常作为园林局部的主景，一般布置在广场中心、公共建筑前、公园出入口空旷地、道路交叉口等处。花坛可以独立布置，也可以与雕塑、喷泉或树丛等结合布置。花坛布置时在花坛的形式、色彩、风格等方面都要遵循美学原则，同时展示文化内涵（图 2-59）。

②花境　花境是指将多年生宿根花卉，球根花卉及一、二年生花卉，灌木等植物材料，根据自然界林缘地带多种野生花卉交错生长的规律，通过艺术加工，组合栽植在林缘、路缘、水旁及建筑物前等处，以营造一种自然、生态的园林花卉景观。花境设计讲究构图完整，高低错落，一年四季季相变化丰富又看不到明显的空缺。配置在一起的各种花卉不仅彼此间色彩、姿态、体量、数量等应协调，而且相邻花卉的生长强弱、繁衍速度也应大体相近，植株之间能共生而不会互相排斥（图 2-60）。

图 2-60 花　境

图 2-61 花　地

③花带　指将花卉植物呈线状布置，形成带状的彩色花卉线。一般布置于道路两侧，沿着道路向绿地内侧排列，形成层次丰富的多条色彩效果。

④花地　花地是指较大面积的花卉景观群体，常布置在坡地上、林缘或林中空地以及疏林草地中（图 2-61）。花地设计讲究花卉平面形态布置的色彩搭配及其艺术性表达。

（3）攀缘植物景观设计

攀缘植物是指茎干柔弱纤细，自己不能直立向上生长，须以某种特殊方式攀附于其他植物或物体之上以伸展其躯干、帮助其吸收充足的雨露阳光，才能正常生长的一类植物，正是由于攀缘植物特殊的生物学习性，使其成为垂直绿化的特殊材料。

攀缘植物包括一、二年生的草质藤本，也有多年生的木质藤本；有落叶类型，也有常绿类型。按照攀缘方式的不同可分为自身缠绕、依附攀缘和复式攀缘三大类。在园林植物种植设计时，配置攀缘植物，应充分地考虑到各种植物的生物学特性和观赏特性（图 2-62）。

图 2-62　攀缘植物风车茉莉　　　　　　　　图 2-63　草坪空间

（4）地被植物及草坪设计

地被植物是指株丛密集、低矮，经简单管理即可代替草坪覆盖在地表，防止水土流失，能吸附尘土、净化空气、减弱噪声、消除污染并具有一定观赏和经济价值的植物。

草坪在现代各类园林绿地中应用广泛，其主要功能是为园林绿地提供一个有生命的底色，因草坪低矮、空旷、统一，能同植物及其他园林要素较好地结合，因此草坪的应用非常广泛。草坪的设计类型及应用形式多种多样。按功能不同，草坪可分为观赏草坪、游憩草坪、运动草坪、护坡草坪、飞机场草坪和放牧草坪；按组成的不同，可分为单一草坪、混合草坪、缀花草坪；按规划设计的形式不同，可分为规则式草坪、自然式草坪，如图 2-63 所示。

4. 园林植物的特性在种植设计中的应用

1）色彩

色彩是景观最直接的体现。在植物景观的创造中，植物可以以其本身所具有的色彩及季相变换的色彩渲染景观空间。园林植物的色彩设计，应起到突出植物特性的作用。在处理整体景观空间时，应结合色彩原理，以绿色为主，其他色调为辅，彰显自然的绿色生态之美（图 2-64）。

2）芳香

一般艺术的审美感知，多强调视觉感受，而园林植物不仅能产生视觉美，还能使人的嗅觉产生独特的审美效应。园林中很多景点都以花香作为其特色，如留园的"闻木樨香轩"，在轩前配置桂花，每逢入秋，桂花的阵阵清香迎面而来，充满生气。芳香植物在应用中应注意以下问题。

图 2-64　植物的色彩搭配

图 2-65　植物姿态

（1）注意功能性问题

芳香植物在园林中应用时首先应考虑其功能性。据有关资料报道，心理学家、医生选用 260 多种带有各种气味的物质对 5000 多人进行测试，发现气味会对人的情绪产生强烈的影响，以此把气味分为四大类：使人感到清新、平静、温和的气味；使人感到轻松、舒适的气味；使人过度兴奋或反应迟钝的气味；给人带来愉快感觉的气味。了解气味对人的影响能更科学地进行种植，例如，儿童活动区应少种植玫瑰、橙、柠檬等植物；研究所、学校等地的办公楼、教室的窗前不宜种植暴马丁香类植物；在娱乐活动区可选择茉莉、百合、丁香等产生的气味能使人兴奋的植物种类；安静休息区应选择香气能使人镇静的植物种类，如薰衣草、侧柏、水仙等。

（2）注意香气的搭配与浓度

芳香植物的种类众多，香气复杂，在同一花期不可种植超过 3 种芳香植物，避免出现多种香气混杂的状况。

（3）注意控制香气的浓度

在露天环境下，空气流动快，香气易扩散而达不到预期效果，因此可通过人为措施创造小环境使香气能维持一定的浓度和时间。例如，把植物种植在凹处或上风口。对于一些香气特别浓重的植物，不宜大片种植，否则易使人的身体产生不适感。

3）姿态

植物千姿百态，其姿态是园林植物的观赏特性之一，它影响着植物构图和布局的统一性和多样性。采用某一种占主导地位的植物姿态可以使整个种植设计达到统一的效果（图 2-65）。多种植物姿态的综合运用可以创造、提升、塑造外部空间。在以植物姿态作为园林设计要素时，风景园林师应当灵活运用单株植物（单一姿态）和植物群（组合姿态）来达到种植设计的目的。

除此以外，园林植物在质感、体量等方面，均影响园林整体环境的塑造。

5. 园林植物空间设计

1）园林植物空间分类

园林植物空间是指园林中以植物为主体，通过艺术布局，组成适应园林功能要求和优美景观要求的空间环境。园林植物空间按照其组成形式、与游人视线控制的关系，可以分为以下几种类型。

（1）开放性空间（开敞空间）

园林植物形成的开放性空间是指在一定区域范围内，人的视线高于四周景物的植物空

图 2-66　开放性空间平面、立面示意图

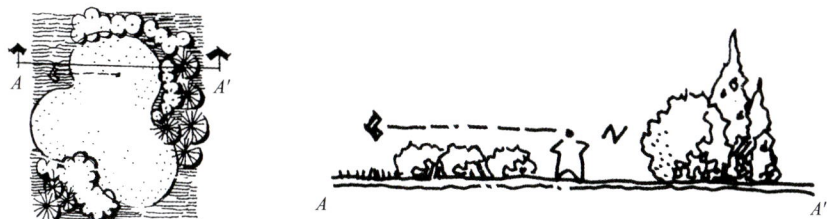

图 2-67　半开放性空间平面、立面示意图

间。一般在地面上种植低矮的灌木、花卉、地被植物及草坪来形成开放性空间（图 2-66）。

用草本、地被、低矮灌木作为空间的界定，这种空间无隐私，开敞外向。在较大面积的开阔草坪上，除了低矮的植物以外，有几株高大乔木点缀其中，并不阻碍人们的视线。但是，在庭园中，由于空间尺度较小，视距较短，四周的围墙和建筑高于视线，即使是疏林草地的配置形式也不能形成有效的开放性空间。开放性空间在开放式绿地、城市公园等园林类型中很常见，像大草坪、开阔水面等，视线通透，视野辽阔，容易使游人感觉心情舒畅，产生轻松自由的满足感。

（2）半开放性空间（半开敞空间）

半开放性空间是指在一定区域范围内，四周不完全开敞，而是在某些部分用植物或者构筑物阻挡了游人的视线。这种空间具有一定的私密性，游人在景观中处于半暴露的状态，即不同方向上的通透与遮蔽状态不同（图 2-67、图 2-68）。

（3）封闭空间

封闭空间是指在游人所处的区域范围内，四周用植物材料封闭。此时游人视距缩短，视线受到制约，近景的感染力加强。小庭园的植物配置可以在局部适当地采用这种较封闭的空间造景手法（图 2-69）。而在一般性的绿地中，这样小尺度的封闭空间，私密性最强，视线不通透，适宜于私语、独处和安静休憩。

（4）冠下空间（覆盖空间）

冠下空间通常位于树冠下方与地面之间，通过树干的分枝点高低、树冠的浓密来形成空间感。高大的常绿乔木是形成覆盖空间的良好材料，此类植物不仅分枝点较高，树冠庞大，而且具有很好的遮阴效果，树干占据的空间较小，所以无论是丛植还是成片栽植，都能够为人们提供较大的冠下活动空

图 2-68　半开放性空间

图 2-69 封闭空间平面、立面示意图

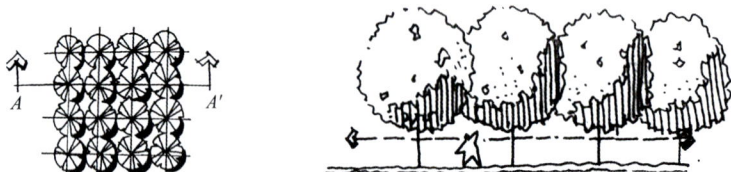

图 2-70 冠下空间平面、立面示意图

图 2-71 竖向空间平面、立面示意图

间和遮阴休息区域。在此类空间中，游人的视线水平方向是通透的，但垂直方向是遮蔽的（图 2-70）。

（5）**竖向空间**（垂直空间）

用植物封闭垂直面，开敞顶平面，就形成了竖向空间。分枝点较低、树冠紧凑的中小型乔木形成的树列，修剪整齐的高树篱等，都可以构成竖向空间。由于竖向空间两侧几乎完全封闭，视线的上部和前方较开敞，极易产生"夹景"效果，以突出轴线景观。狭长的竖向空间可以引导游人的行走路线，适当的种植具有加深竖向空间感的作用（图 2-71）。

在一个园林中，会有多种空间的组合形式。而植物空间具有的不同特性，可在不同功能分区中加以应用。如儿童活动区不需要太多的私密性，要开敞，但也需要有一定荫蔽，方便家长的看护；小型建筑亭、榭、廊等具有停留、观景、聊天等功能，多置于半开放性空间；老人活动区、休闲广场、停车场多采用冠下空间，既满足人们的活动需求，又可以起到遮蔽烈日的作用；园路、甬道则多用竖向空间，以加强指向性。

2) 园林植物种植设计空间布置

（1）平面布置

①植物配置在平面上，要做到疏密有致，这样空间上会产生对比，从而丰富空间的体验。同时利用这种疏密的对比关系，可体现出设计的空间开合感（图 2-72）。

②植物配置的平面布局，不能过于线性化，而要形成一定群体以及厚度，同时，不同植物种类宜成组布置，并相互渗透融合。

③植物配置在平面构图上的林缘线布置要有曲折变化感。相同面积的地段利用曲折变

图 2-72　种植设计的平面布局

化的林缘线可以划分成或大或小、或规则或自然的空间形态；在植物配置时，要注意留出视线通廊，增加空间的景深。

（2）立面布置

园林植物种植设计想要成功，除了空间上安排合理、平面上布置精细外，还要求植物景观"立"起来以后的立面效果优美如画，产生美感，因此应遵循一些美学原则。

①立面构图首先要建立秩序，保证立面构图在视觉上的平衡，做到统一与变化、协调与对比、动势与均衡、节奏与韵律。在保证立面构图统一性的基础上，突出主体或主景（图 2-73）。

②立面设计要注重林冠线的设计和层次变化。林冠线是指树林或树丛空间立面构图的轮廓线。不同高度的乔灌木所组合成的林冠线，决定着游人的视野，影响着游人的空间感觉。在种植设计中，乔灌木、花卉、草坪以及地被植物的搭配在立面上表现为种植的层次。一般而言，种植设计的层次是由设计意图决定的。如需要形成通透的空间，则种植层次要少，可仅为乔木层，如为了形成动态连续的具有远观效果的植物景观，则需要多层的植物种植（图 2-74）。

图 2-73　构图平衡、主景突出的种植设计立面

图 2-74　注重林冠线的层次变化

🍃 任务实施

1. 基址分析及构思草图

确定分工，填写表2-7。根据任务描述进行分析，构思设计理念，勾画铺装设计草图，并进行组内研讨互评，老师针对共性问题分组点评指导。通过组内交流点评，明确设计方向。

表2-7　分工情况

小组名称		任务名称	"书香致远、品读生活"校园景观种植设计	组长	
分组情况		成员	分工		

2. 深化完善及快速表现

通过组内交流研讨、互评和教师点评，完成种植设计图的草图修改及深化完善，并运用绘图工具，进行设计图纸的手绘快速表现。

🍃 考核评价

姓名		任务名称	"书香致远、品读生活"校园景观种植设计							
序号	考核项目	考核内容	等级				分值			
			A	B	C	D	A	B	C	D
1	学习态度	态度认真，积极主动，认真记录	好	较好	一般	较差	10	8	6	4
2	设计内容	设计科学合理，符合绿地设计的基本原则，具有可达性、功能性、亲和性、系统性和艺术性	好	较好	一般	较差	20	16	12	8
3	综合应用能力	结合周边环境，综合考虑，能从宏观、中观、微观层面进行分析、设计。方案设计理念与构思具有创意，方案注重满足不同人群功能需求；空间布局合理，空间形态具有设计感。能够兼顾科学性与艺术性合理组织园林构成要素	好	较好	一般	较差	30	25	15	10
4	任务成果	设计图纸规范、内容完整、具有独创性，兼顾科学性与艺术性，独立按时完成	好	较好	一般	较差	25	20	15	8
5	能力创新	表现突出，内容丰富，立意创新	好	较好	一般	较差	15	10	8	4
合计得分										

任务 2-5　园林建筑与小品设计

工作任务

【任务描述】

在任务 2-1 基地范围内设计亭、廊、花架、灯具等园林建筑小品。

【任务分析】

根据园林建筑小品的功能与类型、创作要点与设计要点，结合空间使用需求设计不同形式、质感、功能的园林建筑小品是园林设计师职业能力的基本要求之一。园林建筑小品设计需要满足使用者的功能需求，有效实现丰富空间节点、强化停留空间、提升观景面可看性等。

【工具材料】

草图纸、绘图笔、橡皮，装有 AutoCAD、SketchUp、Photoshop 软件的计算机等。

🍃 知识准备

1. 园林建筑与小品概述

《园林基本术语标准》(JJ/T 91—2002)中对园林建筑的定义是"园林中供人游览、观赏、休憩并构成景观的建筑物或构筑的统称"。换句话说，园林建筑也就是建造在园林中可供人们休憩、观赏的具有景观特征的建筑物。园林建筑应该包含以下三方面内涵：一是造景，即园林建筑本身就是被观赏的景观或景观的一部分，园林建筑需要处理景观与观景的关系；二是功能，园林建筑主要提供了休憩、观景及活动的空间，其功能与普通建筑相比较为简单；三是特点，园林建筑作为园林构成要素之一，首先要考虑与环境的关联性，其形式、功能都需要服从于环境。常见的古典园林建筑包括亭、榭、廊、阁、轩、楼、台、舫、厅堂等。

园林小品是指区别于大型园林建筑的小型建筑或构筑物，方便游人使用，为人们提供了休息、装饰、照明、展示及园林管理等功能。一般没有内部空间，体量小巧，造型别致，其在园林景观中有着独特的地位，从囿中表达上古图腾崇拜的灵台和龙、龟图腾柱到明清园林中的雕刻精美的华表、石刻，再到现代公园中构思独特的雕塑、座椅都属于园林小品的范畴，它们无论是依附于景物或建筑之中还是相对独立，在园林整体环境构成、营造氛围、升华主题等方面都起着重要的作用。

园林各要素是有机地组合在一起的，具有整体性和统一性。因此，在设计布置园林建筑与小品时，切忌不能让它们孤立存在，要考虑其与环境的协调，要对整体空间和视觉景观起到画龙点睛的作用。如 2020 年第四届中国绿化博览会江苏园入口，设计师将入口门洞设计成石榴形状，并在门前增设两扇不锈钢隔扇模拟流苏造型，结合上部传统造型的门头，与周围环境形成很好的呼应，体现出"苏而新"的设计理念。再如 2013 年第八届中国花卉博览会中的花箱设计，也体现了主题性以及与周围环境的协调性(图 2-75、图 2-76)。

图2-75　江苏园入口体现"苏而新"
设计理念

图2-76　第八届中国花卉博览会花箱
与周围环境协调统一

2. 园林建筑与小品创作要点

园林建筑与小品的设计灵活度较大。其造型活泼多样、姿态千差万别，设计的布局地点、材料、颜色等都是因景而设，体现浓郁的艺术文化风格。设计创作园林建筑与小品时通常要满足以下要求。

①立其意趣　根据功能要求、艺术布局要求和环境条件等，进行景点中园林建筑与小品的设计构思。

②合其体宜　选择合理的位置和布局，做到因地制宜，巧于因借。

③取其特色　充分反映园林建筑与小品的特色，把它巧妙地融合在园林环境之中。

④顺其自然　不破坏原有风貌，与山石、水体、植物之间相配合。

⑤求其因借　通过对自然景物形象的取舍，使造型简练的园林建筑与小品获得景象丰满充实的效果。

⑥饰其空间　充分利用建筑小品的灵活性、多样性，力求曲折变化、层次错落，增加空间层次，丰富园林空间。

⑦巧其点缀　强化需要突出表现的景物，把不起眼的角落巧妙地转化为游赏的对象。

⑧寻其对比　把两种差异明显的素材巧妙地结合起来，相互烘托，显出双方的特点。

3. 常见园林建筑与小品

1) 亭

(1) 亭的功能与作用

《园冶》中说："亭者，停也。人所停集也。"亭是一种有顶无墙的小型建筑，是供游人停留、休憩、观景的园林建筑，可以满足游人在游览活动中驻足休息、纳凉避雨、眺望景色的需要，亭的特点在于"空"，作为人与自然空间的过渡，使人充分融于大自然，同时自身又成为园中一景。古时亭多被置于大路旁，故有"十里一长亭，七里一短亭"的说法，后被广泛应用在园林中。

园林之中，亭是数量最多的建筑物之一，其作用可以概括为两个方面，即"观景"和"景观"。亭的原义，是供人休息的建筑。在园林中，亭也确实常常作为游人停留、小憩的场所。游园时，在适当的地方有一处亭榭，供人们稍事休息，并可以避免日晒、雨淋，这

图 2-77 亭与主厅隔水互为对景

是亭的最基本功能。

然而与原始亭含义稍有不同的是，亭除了要为游人提供休息场所外，还要考虑游人的游览需要，因为游园与赶路不同，人们在赶路途中的休息主要是为了恢复体力，而游园时，观览四周景致有时较休息更为重要，所以亭大小和式样要结合园林的地形、环境。亭的位置较为灵活，有景可观处即可设亭，如山巅、水际、路旁、林中等，位于园林主景区山上的亭其位置最为醒目，多隔水与主厅互为对景，形成园林布局的一个特征(图 2-77)。"水际安亭"，位于水中的亭，丰富了池面的景观，又分隔了水池，使水面显得深远。

此外，还有许多为特定目的而建造的亭，如古典园林中的碑亭、井亭、纪念亭、鼓乐亭等；现代公园中，亭被赋予了更多的用途，如书报亭、茶水亭、展览亭、摄影亭等。

(2) 亭的类型与形式

亭是园林中造型最为丰富的一类建筑小品，其形式丰富，种类繁多，可大致分为传统样式和现代样式两大类。

一般来说，北方的亭造型粗犷、风格雄浑，而南方的亭体量小巧、形象俊秀。如今较为常见的是传统样式亭，如北方园林的清式亭和江南园林的苏式亭。《园冶》中说，亭"造式无定，自三角、四角、五角、梅花、六角、横圭、八角至十字，随意合宜则制，惟地图可略式也"，亭的平面形状可分为方形、圆形、长方形、六角形、八角形等基础形状，也有在此基础上经过变形与组合而成的三角形、梅花形、海棠形、扇面形、圭角形、方形、十字形，除了独立亭外还有半亭、双亭、组合亭等(图 2-78)。半亭多与廊结合，依墙而建，故而得名。独立亭常建于山巅、池畔或花木丛内，因此位置、形体须与环境相配合。例如，拙政园中部的雪香云蔚亭建于山上，因山形扁平，故采用长方形的平面，而另一处的扇亭因为位于池岸向外弯曲处，因此采用凸面向外的形式。

亭的屋顶也有单檐、重檐、攒尖、歇山、十字脊、天方地圆等样式。最常见的屋顶形式为攒尖和歇山，一些较为复杂的屋顶形式也都是由简单形式组合而成。如承德避暑山庄的莺啭乔木亭，方形的平面增添了"四出抱厦"，形成了"亞"字形平面，其屋顶为两个歇山十字相交，形成了十字脊，而抱厦的屋面呈歇山形，于是整个屋顶便显得十分华丽而复杂。现代园林中用钢筋混凝土做平顶式亭的较多，也有

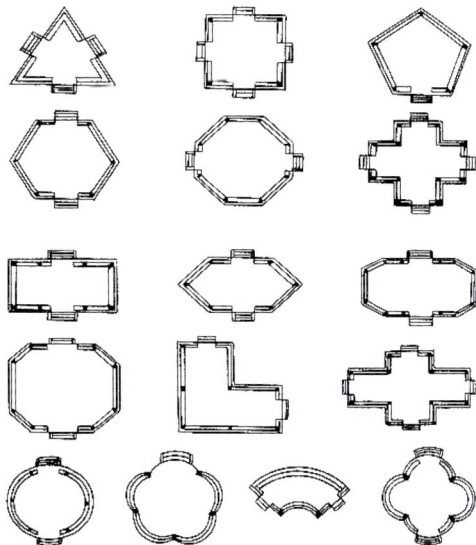

图 2-78 各种亭子形状(引自《苏州古典园林》)

利用竹、钢等材料建造的样式独特的屋顶。

在建筑材料的选择上，中国传统样式亭多以木构件结合屋面瓦面，也有纯木构或者全部采用石材的；现代样式亭则多用水泥、钢、木等材料，或营造出仿竹木结构的亭、新颖造型的亭，也可以因地制宜选择树干、茅草、条石等材料构亭，使亭与自然融为一体，凸显地域特点，获得较好的景观效果。

（3）亭在园林中的位置

亭在园林布局中的位置选择极其灵活，不受格局所限，既可独立设置，也可依附于其他建筑物而组成群体，更可结合山石、水体、树木等，得其天然之趣，充分利用各种奇特的地形基址创造出优美的园林意境。

①山上建亭　视野开阔，适合登高远眺。小山建亭宜建在山顶，以丰富山形轮廓，居高临下，俯瞰全景，此点可作为风景透视线的焦点，控制全景；中等高度的山建亭，宜建在山顶、山脊、山腰处；大山建亭宜在山腰台地、次要山脊、崖旁峭壁顶、蹬道旁等，利于眺望和视线上的引导，又为途中驻足休息的场地；也可山麓建亭，常置于山坡道旁，既方便休息，又可作为路线引导。亭与山结合可以共筑成景，成为一种山景的标志，如景山万春亭的五亭，向南可将宏伟壮阔的紫禁城尽收眼底，是绝佳的观赏点；山上建亭有时为了与山下的建筑取得呼应，共同形成更美的空间。只要选址得当、形体合宜，山与亭相结合能形成特有的景观。

②临水建亭　水边放亭在中国传统园林中也有很多优秀的实例。临水的岸边、水边石矶、水中小岛、桥梁之上，等等，都可建亭。

如在水边建亭，最宜低临水面，布置方式有一边临水、两边临水和多边临水等；近岸水中建亭，常以曲桥、小堤、汀步等与水岸相连，而使亭四周临水；在岛上建亭，类似有湖心亭、洲端亭等，为水面视线交点，观景面突出，但岛不宜太大，如杭州西湖的湖心亭，四面临水、花树掩映，衬托出有着飞檐翘角的琉璃瓦屋面，人于亭内可眺望湖面全景；桥上建亭，则既可以提供休息场所，又可以划分不同空间，需要注意的是，小水面的桥更宜低临水面；溪涧建亭，景观幽深，既可观涓涓溪水、又可听汩汩泉水之声。

水边安亭需要注意选择观水的视角，还要注意亭在风景画面中的恰当位置。水面设亭时，亭在体量上的大小，主要根据它所面对的水面大小而定。

完全临水的亭，应尽可能贴近水面，切忌用混凝土柱墩把亭子高高架起，使亭子失去了与水面之间的贴切关系，比例失调。为了使亭子有漂浮于水面的感觉，设计时还应尽可能把亭子下部的柱墩缩到挑出的底板边缘的后面去，或选用天然的石料包住混凝土柱墩，并在亭边的沿岸和水中散置叠石，以增添自然情趣。

③平地建亭　平地建亭一般位于道路的交叉口、路侧的林荫之间，有的被花木山石所环绕，从而形成一个小的私密空间。例如，拙政园中荷风四面亭位于中部景区道路枢纽处，视野开阔，槛联为"四面荷花三面柳，半潭秋水一房山"，所观之景春柳明、夏荷艳、秋水长、冬山峻。有的则在自然风景区的路旁或路中筑亭，以此作为进入景区的标志。

（4）亭与其他园林要素的组合

①亭与植物组合　亭与植物结合往往能产生好的效果。中国古典园林中，有很多亭直接引用植物名，如牡丹亭、桂花亭、仙梅亭、梅花亭等。亭名因植物而出，再加上诗词牌匾的渲染，可以使环境空间有声有色，如无锡惠山寺旁的听松亭以松涛为主题，创造出

"万壑风生成夜响，千山月照挂秋阴"的意境；苏州香雪海梅花亭，其瓦顶、柱栏、花砖地面均为梅花瓣状，与周围景致融为一体，亭顶以铜鹤结顶，寓意"梅妻鹤子"之意。

②亭与建筑组合　亭与建筑的结合有两种类型：一种类型是亭与建筑相连，亭是建筑群中的一部分，如亭和廊的组合，或亭和墙垣组合形成半亭(图 2-79)；另一种类型是亭与建筑分离，亭是一个空间中的组成部分，作为一个独立的单体存在，亭与建筑组配在一个空间中，它可以起到的作用为：一是在建筑群前轴线两侧列亭，左右对称，强化建筑的庄重、威严感。很多庙宇前设钟鼓亭就有这种效果，如山西大同华严寺钟鼓亭、北京北海琼华岛南坡永安寺前的亭等。二

图 2-79　亭和廊组合

是把亭置于建筑群的一角，使建筑组合更加活泼生动，如北京颐和园中的知春亭，从局部看，此亭与连接双岛的木桥、东岸的文昌阁高低错落有致，形成了一幅水陆相谐的画面；从全景来看，此亭与北面的玉兰堂、水木自亲等临湖建筑形成环抱状，为昆明湖添加了亲近祥和的气氛。

2) 廊

(1) 廊的功能与作用

①联系功能　廊将园林中的各景区、景点串联成有序的整体，使得景点虽散置但不零乱；廊将单体建筑联成有机的群体，使建筑主次分明、错落有致；廊可配合园路，构成全园交通、游览及各种活动的通道网络，以"线"联系全园。

②分隔空间并围合空间　廊可在花墙的转角、尽端划分出天井，以安排竹石、花草，构成小景，可使空间互相渗透，隔而不断，层次丰富；廊又可将空旷开敞的空间围成封闭的空间，在开朗中有封闭，热闹中有静谧，使空间变换的情趣倍增。

③组廊成景　廊的平面可自由组合，廊的体态又通透开敞，尤其是便于与地形结合。《园冶》中说："或蟠山腰，或穷水际，通花渡壑，蜿蜒无尽。"，指与自然融为一体，在园林景色中体现出自然与人工的结合之美。

④实用功能　廊具有连贯性的特点，最适于作为展览用房。现代园林中的各种展览廊，其展出内容与廊的形式结合得尽善尽美，如金鱼廊、花卉廊、书画廊等，极受群众欢迎。此外，廊还有防雨淋、避日晒的作用，形成休憩、赏景的佳境。

廊在近现代园林中，还经常被运用到如旅馆、展览馆、学校、医院等的庭院内，它一方面是作为交通联系的通道，另一方面又作为一种联系室内外的过渡空间，使室内外空间互相渗透、融合，形成生动的空间环境。

(2) 廊的分类

如今公园中所使用的游廊大多为传统形式，但也有多种变化。廊按照形式来分有直廊、曲廊、波形廊、复廊 4 种，按位置来分有半廊、空廊、回廊、楼廊、爬山廊、水廊等(图 2-80)。

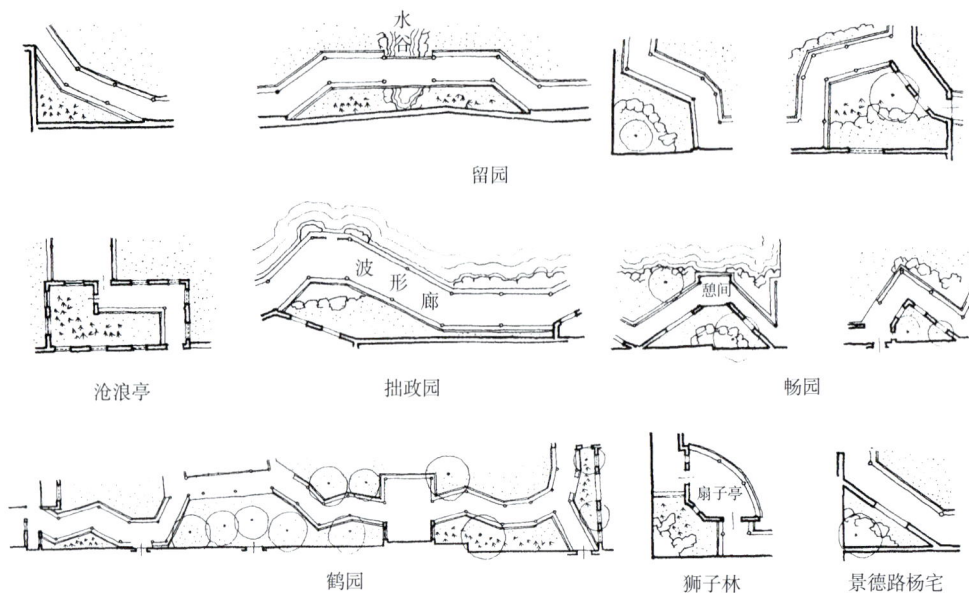

图 2-80   不同种类的廊

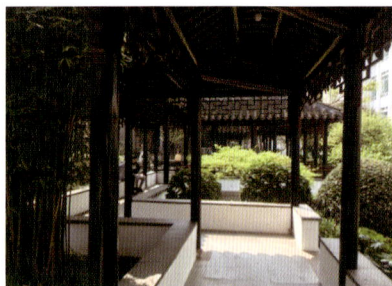

图 2-81   空 廊

图 2-82   复 廊

最为常见的是一种靠墙的游廊,单坡屋面,也称为半廊。它一面紧贴墙垣,另一面向园景开敞,打破围墙或院墙的单调封闭状态,增加景深。无墙的游廊,两坡屋面,称空廊(图 2-81)。它蜿蜒于园中,将园林空间一分为二,丰富了园景层次,人行其中还可以两面观景。上述两种游廊可以单独使用,也可组合布置。组合使用时,廊可将园林空间划分成若干不同的小空间,于内栽花布石,添加小景,是园林常用手法之一。

如将两条半廊合一,或将空廊中间沿脊檩砌筑隔墙,墙上开设漏窗,则称复廊。复廊既可分隔景区,又可通过漏窗使一景区和另一景区互相联系,增加景深,还能产生步移景异的效果,这类复廊常作为内外景色的过渡(图 2-82)。有些游廊随地势起伏,有时甚至可直通二层楼阁,这种游廊常被称作爬山廊,爬山廊可以是半廊,也可以是空廊(图 2-83)。

(3)廊在园林中的位置

①平地建廊   常建于草坪一角、休息广场中、大门出入口附近,也可沿园路或用来覆盖园路,或与建筑相连等。平地上所建的廊,还可作为景观的导游路线来设计,经常连接于各景点之间,廊的平面曲折变化完全视其两侧的景观效果和地形环境来确定,随形而弯、依势而曲、蜿蜒透迤、自由变化。有时,为了划分景区,增加空间层次,使相邻空间形成既有分割又有联系的效果,也常常通过廊来实现,或者把廊、墙、花架、山石互相配合起来布置景

点。在一些新建的公园或风景区的开阔空间建游廊，可利用廊来围合、组织空间，并于廊两侧柱间设置座椅，为人们提供休息环境，廊的主要开敞面则面向主要景物。

②水边或水上建廊　水边或水上建廊一般称为水廊，水廊凌跨于水面之上，能使水面上的空间半通半隔，增加水源深度使水面更辽阔，廊低临水面，两面可观水景，人行其上，水流其下，所谓"浮廊可渡"。

③山地建廊　爬山廊既可供游山观景和联系山坡上下不同标高的建筑物之用，也可

图 2-83　爬山廊

借以丰富山地建筑的空间构图。爬山廊有的位于山之斜坡，有的依山势蜿蜒转折而上。

3) 花架

（1）花架的功能与作用

花架是指利用刚性材料构成一定形状的格架供攀缘植物攀附的园林设施，又称棚架、绿廊等，花架主要有以下 3 种功能：

①遮阴功能　花架通过攀缘植物的生长，可以成为人们消夏庇荫的场所，可供游人休息、乘凉、坐赏周围的风景。

②景观功能　花架在造园设计中往往具有亭、廊的作用，做长线布置时，就像游廊一样能发挥建筑空间的脉络作用，形成导游路线；也可以用来划分空间，增加风景的深度。

③纽带作用　花架在园林中能联系亭、台、楼、阁，起到纽带作用。

（2）花架的类型与形式

花架主要由立柱和顶部格条组成。花架所用的立柱常见的有木柱、生铁柱、砖柱、石柱、水泥柱等。无论何种立柱，其下部基础一般都用砖石砌筑或钢筋混凝土浇筑。顶部较常用木、竹等材料搭成，能与自然相统一，但是由于木材容易腐朽，也有利用钢材、水泥等做成仿木效果的，造型美观、坚固、耐久性好、维修费用低，或者为追求特殊的景观效果而使用铸铁条、不锈钢格条(图 2-84)。

①根据立面形式分类　花架的结构十分简单。常见的结构形式分为简支式和悬臂式两种，如今为了体现现代气息或打造特色，又衍生出拱门式钢架等结构形式。根据一些特殊要求或者定制需要，也可以将数种结构予以组合，以丰富景观。

简支式花架：又称为双柱式，其剖面是在两个立柱上架横梁，梁上承格条(图 2-85)。立柱式可分为独立的方柱、长方、小八角、海棠截面柱等。为增添艺术效果，可由复柱

图 2-84　木材结合钢材的花架

图 2-85　简支式花架

图 2-86　复柱花架

图 2-87　悬臂式花架

图 2-88　花架结合攀缘植物

替代独立柱(图 2-86)，还有平行柱、"V"形柱等。也有采用花墙式花架的，其墙体可用清水花墙、天然红石板墙、水刷石或白墙等。

悬臂式花架：又称单柱式，其剖面是在立柱上端置悬臂梁，梁上承格条。悬臂式花架保持了廊的造园特征，可以起到组织空间和疏导人流的作用，但在造型上更加轻盈(图 2-87)。

②根据平面形式分类　直线形是花架最为常见的形式，如果将其进行组合，将转折处理成不同角度，如 60°、90°、120°，则称为折形花架。也有根据周围环境变化将花架平面设计成弧形，由此组合成圆形、扇形、曲线形等。还有独立的点状花架，即西方古典园林中所谓的"凉亭"。这样的结构构筑成的独立小型花架，适于作独立景物设置或在视线交点处布置，植物攀缘不宜过多，仅对环境进行装饰与陪衬，更重于表现花架的造型。

以景观功能为主要目的的花架应选择具可观花、观果或观叶的植物种类，如常春藤、络石、紫藤、凌霄、地锦、南蛇藤、五味子、木香等；也可以考虑使用具有一定经济价值的植物，如葡萄、金银花、猕猴桃等(图 2-88)。但对于点状花架，因其本身具有较高的观赏价值，因此，植物种植不宜过多，以免植物的枝叶把花架遮挡起来。

4) 园桥

园林中的桥可以联系景点的水陆交通，组织游览线路，变换观赏视线，点缀水景，增加水面层次，兼有交通和艺术欣赏的双重作用。园桥在造园艺术上的价值，往往超过交通功能。

园桥根据其外观可分为平桥、拱桥、亭桥、廊桥、汀步等；根据材料不同可分为石桥、木桥、钢筋混凝土桥等；根据结构不同又可分为板式、梁式、单跨、多跨等多种。

平桥造型简单，一般分为直线形和曲折形，曲折形从一二折至八九折不等，其作用在于延长游览路线，从而扩大空间感，达到引导视线转换的作用。拱桥造型优美，曲线圆润，既丰富了水面的景观层次，又可以通船。

桥的布置与园林的总体布局、道路系统、水体面积、水面风格等密切相关，此外还需要考虑桥身与水面的关系。园桥的高度宜视池面大小而定。池上架桥通常位于水面较窄之处，小水池桥面贴水而过，既便于观赏游莲芙蕖，又能使人感到池水比实际广阔，如附近有假山、岩壁，则能衬出山势的峥嵘。水面宽广或水势湍急处，桥宜较高并加栏杆。

5）园椅、园凳、园桌

园椅、园凳供游人休息、赏景之用，虽以功能为重，但其造型及布置也极其重要。一般布置在人流较多、景色优美的地方，如树荫下、水体边、路边、广场上、花架下等。有时还可设置园桌，供游人休息娱乐用，除了休息观景外，也需要考虑私密性要求。

园椅、园凳在设计时需要考虑色彩、风格、图案与周围环境相协调且易于维护，坚固舒适。一般可用竹、木材料，也可钢材、铝合金、石材、陶瓷等。常见的有直线形、曲线形、圆形，现代园林中还可有仿生及模拟形等。

园椅、园凳在布置时需要结合游人体力，在经历一段高程升高或者行进一定距离后需要在适当位置设置休息座椅，座椅可以结合植物做适当隔离，形成相对安静的私密空间。园路两侧的座椅宜交错布置，避免视线相对。一般园椅、园凳的高度宜在 30cm 左右，针对儿童或特殊人群设计时需根据具体情况调整。

6）园墙、园门

（1）园墙

园墙根据其在园林中的位置可以分为界墙和景墙。界墙位于边界四周，主要起到防护和装饰的作用，在保证坚固耐用的同时，可以采用镂空或半镂空的样式，使得园林内外景色相互渗透。园林内部的景墙有分割空间、衬托景物、遮蔽视线的作用，是园林空间构图的一个重要因素。

传统园墙的形式有云墙、梯级形墙、漏明墙、平墙等，墙体厚度都在 330mm 以上，且因墙垣较长，所以墙基需要稍加宽厚。一般墙基埋深约为 500mm，厚为 700~800mm。可用条石、毛石或砖来砌筑。现代园林中大多用一砖墙，厚 240mm，其墙基厚度可以酌减。墙体之上通常用墙檐压顶。江南地区也有在压顶墙檐之下做"抛仿"的做法，即一条宽 300~400mm 的装饰带，抛仿可以用纸筋粉出，较讲究的则用清水砖贴面，边缘刨出线脚。

（2）洞门、空窗

园林墙垣尤其是园林内部的景墙通常置有不装门扇的门孔，称为洞门，以及不装窗扇的窗孔，称为空窗（图 2-89）。洞门、空窗除供人出入外，在园林艺术上又常作为取景的画框，使人在游览过程中不断获得生动的画面。洞门、空窗还能使空间相互穿插渗透，达到增加景深和扩大空间的效果。

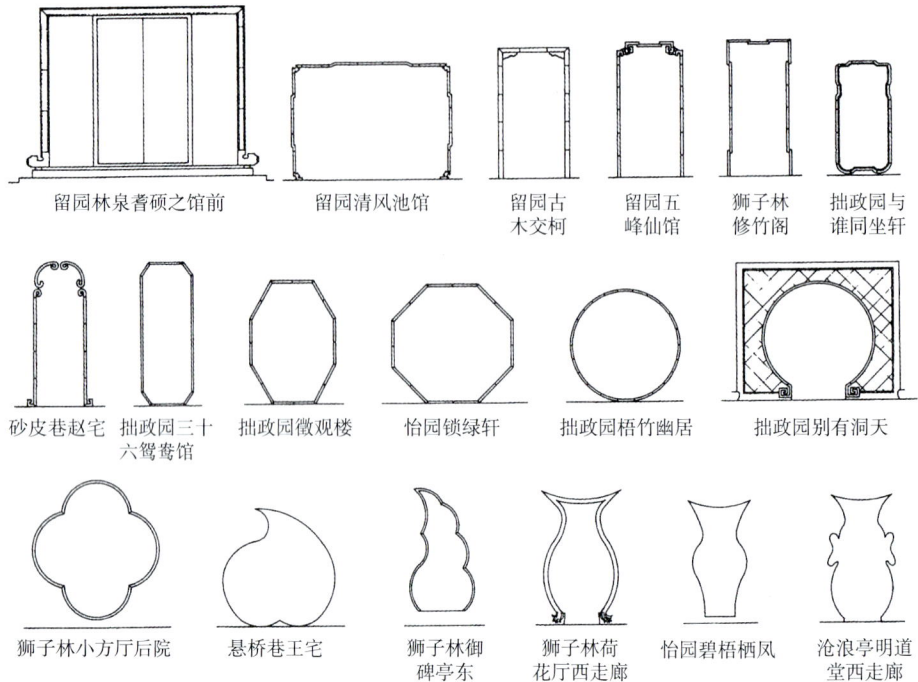

留园林泉耆硕之馆前　　留园清风池馆　　留园古木交柯　　留园五峰仙馆　　狮子林修竹阁　　拙政园与谁同坐轩

砂皮巷赵宅　　拙政园三十六鸳鸯馆　　拙政园微观楼　　怡园锁绿轩　　拙政园梧竹幽居　　拙政园别有洞天

狮子林小方厅后院　　悬桥巷王宅　　狮子林御碑亭东　　狮子林荷花厅西走廊　　怡园碧梧栖凤　　沧浪亭明道堂西走廊

图 2-89　各种洞门、空窗样式(引自《苏州古典园林》)

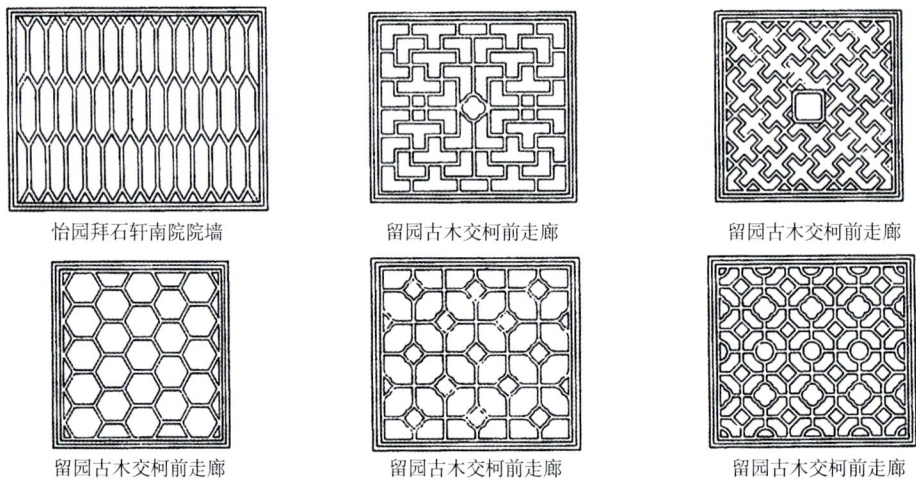

怡园拜石轩南院院墙　　留园古木交柯前走廊　　留园古木交柯前走廊

留园古木交柯前走廊　　留园古木交柯前走廊　　留园古木交柯前走廊

图 2-90　各种漏窗样式(引自《苏州古典园林》)

园林墙垣上常设漏窗,不仅可以使平板的墙面产生变化,还可在分隔景区时使空间似隔非隔,景物若隐若现,富有层次。漏窗的形式有方形、长方形、六角形、八角形、扇形等(图 2-90)。

7)栏杆

栏杆在园林中除了主要的防护作用外还可起到分隔不同活动空间、划分活动范围以及组织人流的作用,同时利用其不同形制,可发挥装饰园景的作用。有的台地栏杆可做成坐凳形式,既可防护又可供休息。栏杆的样式虽然繁多,但造型的原则是一样的,即须与环境相协调。例如，在肃穆的环境内，须配坚实而具庄重感的栏杆；在花坛边缘或园路边缘可配灵活轻巧、生动活泼的装饰性栏杆等。

栏杆的高度随环境和功能要求不同，有较大的变化。设在台阶、坡地的一般防护栏杆高度可为 85~95cm；但在悬崖峭壁的防护栏杆，高度应在人的重心以上，为 1.1~1.2m；广场花坛旁栏杆，不宜超过 30cm；设在水边、坡地的栏杆，高度为 60~85cm；坐凳式栏杆凳的高度以 40~45cm 为宜。

8）雕塑

雕塑虽然体量不大，且在城市绿地中所占比重很小，但它是现代园林中用以表现主题、装饰风景的重要小品，赋予园林鲜明而生动的主题性。雕塑可以表现历史人物与典故，突出景观环境内容，或作为纯装饰性的艺术作品。在园林建筑与小品中也可运用水泥塑造树木、竹节、树桩、木纹地面等，达到建筑与环境协调的目的。

园林雕塑分为具象雕塑和抽象雕塑。具象雕塑采用天然石材、不锈钢、青铜及混凝土制作，有动物形象及其他形象，富有自然情趣；抽象雕塑多采用天然石材及不锈钢、青铜材料，表达抽象主题。

9）园灯

园灯主要包括城市绿地中的绿灯、庭院灯、地灯、投射灯等，既有照明功能又有点缀园林环境的功能。园灯一般宜设在出入口、广场、交通要道、园路两侧、台阶、桥梁、建筑物周围、水景、雕塑、花坛、草坪边缘等。园灯的造型不宜复杂，切忌施加烦琐的装饰，没有重点，通常以简单的对称式为主。

🍃 任务实施

1. 基址分析及构思草图

确定在项目实施过程中主要的分工，并填写表 2-8。根据任务描述进行分析，构思设计理念，勾画设计草图，并进行组内讨论。

表 2-8　园林建筑与小品设计小组基本情况

小组名称		任务名称	"书香致远、品读生活"校园景观园林建筑与小品设计	组长	
任务分工		成员		分工	

2. 深化完善及快速表现

　　根据地形特点及功能分区，合理布局园林建筑与小品；绘制该地块园林建筑与小品布局方案平面图、立面图，并附设计说明，装订成册，并按照图纸制作相应比例的模型，模拟汇报展示。

🍃 考核评价

姓名		任务名称	"书香致远、品读生活"校园景观园林建筑与小品设计							
序号	考核项目	考核内容	等级				分值			
			A	B	C	D	A	B	C	D
1	实训态度	实训认真，积极主动，操作仔细，认真记录	好	较好	一般	较差	10	8	6	4
2	设计内容	设计科学合理，符合绿地设计的基本原则，具有可达性、功能性、亲和性、系统性和艺术性	好	较好	一般	较差	20	16	12	8
3	综合应用能力	结合环境，综合考虑，满足功能和创造优美环境，通过树木配置创造四季景观，同时充分考虑到植物的生态习性和对种植环境的要求	好	较好	一般	较差	30	25	15	10
4	实训成果	设计图纸规范，内容完整、真实，具有很好的可行性，独立按时完成	好	较好	一般	较差	25	20	15	8
5	能力创新	表现突出，内容完整，立意创新	好	较好	一般	较差	15	10	8	4
合计得分										

知识拓展

江南古典园林构成要素

　　我国的古典园林景观设计中主要有五个要素，分别是理水、筑山、建筑、花木、楹联与匾额。这五个要素作为最基本的五点支撑着景观设计的框架。

1) 理水

　　在组织园景方面，以水池为中心，辅以溪涧、水谷、瀑布等，配合山石、花木和亭阁形成各种不同的景色，是我国造园的一种传统手法。这是由于明净的水面形成园中广阔的空间，能够给人以清澈、幽静、开朗的感觉，再与幽曲的庭院和小景区形成疏与密、开朗和封闭的对比，为山林、房屋展开了分外优美的景面，而池周山石、亭榭、桥梁、花木的倒影以及天光云影、碧波游鱼、荷花睡莲等，都能为园景增添生气。因此环绕水池布置景物和观赏点，久已成为江南古典园林中最常见的布局方式。较大的园林，水池往往支流迂回盘曲，形成许多小景区。有些园林更有溪涧、水谷和瀑布等。

2）筑山

规模小的多在住宅的客厅或书房的前、后庭院内布置少数石峰。或累石为山，或依墙构石壁，或沿小池点缀少数湖石。小型园林的布局不太复杂，往往以水池为中心，以山石衬托水池、房屋和花木；或利用山坡、土阜建造园林；或以人工叠造假山作为园中主景。中型园林大多有山有池，与房屋、花木组合形成若干景区，而在主要景区内设山峦洞壑模拟真实的山林。有些则于临水一面构危崖、峭壁，或叠成高低起伏的池岸，其下再建石矶、钓台使山水的结合更为紧密。对于高大的假山，为了扩大视野，往往在山上建造亭阁，以俯览园内或眺望园外的景物。山既可划分园景，又为增加园内宁静的气氛和降温、隔尘等提供了有利条件。在园林布局上，通常在水池的一面叠山造林，而在另一面错置厅堂亭榭，从山林越过清澈的池水遥望高低错落的建筑，或是自室内欣赏对岸的山崖树木，都可形成对景。在大型园林中，可根据各景区和庭院的大小，叠造石山、石峰、石壁或仅置少数湖石；也可在较大景区内建假山数处，利用山势的连绵起伏互相呼应，将空间划分为几个部分，使园景有分有合，互相穿插，以增加风景的曲折和深度。

3）建筑

江南古典园林中的建筑，不但位置、形体与疏密不相雷同，而且种类颇多，布置方式也因地制宜，灵活变化。常见的建筑类型有厅、堂、轩、馆、楼、阁、榭、舫、亭、廊等。其中除少数亭、阁外，多围绕山、池布置，房屋之间常用走廊串通，组成观赏路线。各类建筑除满足功能要求外，还与周围景物和谐统一，造型参差错落，虚实相间，富有变化。由于使用性质的不同，建筑处理也有不同。厅堂多位于园内适中地点，周围绕以墙垣廊屋，前、后构成庭院，是园林建筑的主体。厅堂比较高大宽敞，装修精美，家具陈设富丽，可反映园主的生活。可观赏周围景物的四面厅多建于空间开阔和风景富于变化的地点，四周门窗开朗，并绕以檐廊，既可在厅内坐观，又便于沿廊游览，如拙政园远香堂。书斋、花厅要求环境安静，常与主要景区隔离，自成院落，在建筑处理上则另有一种格调。

4）花木

花木既是园中造景的素材，也常作为观赏的主题。园林中许多建筑以周围花木命名，以描述景的特点。如拙政园的远香堂、倚玉轩、雪香云蔚亭、待霜亭、梧竹幽居亭、松风亭、柳荫路曲等。

利用花木的季节性，构成四季不同的景色，是江南地区古典园林中习用的一种手法。例如狮子林厅堂前的玉兰与怡园花台上的牡丹等，侧重表现春景；怡园内群植的紫薇，拙政园与狮子林等的荷花，主要供夏季观赏；留园西部土山上的枫林，以及拙政园内的桂花与菊花，构成秋景；拙政园西部十八曼陀罗花馆前的山茶，以及网狮园小院内栽植的天竹、蜡梅，则为冬景。不仅如此，园林中对花木混合布置的方法更为重视，如网师园小山丛桂轩前院和留园冠云峰庭院，都配有四季分别可观赏的花木，花期衔接交替，形成四时景色的变化。

5) 楹联与匾额

　　园林建成后，园主总要邀集一些文人，根据园主的立意和园林的景象，给园林和建筑物命名，并配以匾额题词、楹联诗文及刻石。匾额是指悬置于门楣之上的题字牌，楹联是指门两侧柱上的竖牌，刻石指山石上的题诗刻字。园林中的匾额、楹联及刻石的内容，多数是直接引用前人已有的现成诗句，或略做变通，如苏州拙政园的浮翠阁引自苏东坡诗中的"三峰已过天浮翠"，有一些是即兴创作的，还有一些园景题名出自名家之手。不论是匾额、楹联还是刻石，不仅能够陶冶情操，抒发胸臆，也能够起到点景的作用，为园中景点增加诗意，拓宽意境。

项目 3 中、小尺度公园绿地综合设计

学习目标

【知识目标】

(1) 了解中、小尺度公园绿地的概念及内容；

(2) 熟悉各类中、小尺度公园绿地的功能及特点；

(3) 掌握中、小尺度公园绿地规划设计的方法和程序。

【技能目标】

(1) 能够根据不同类别的中、小尺度公园绿地特征，明确其设计定位和设计要点；

(2) 掌握中、小尺度公园绿地设计的构思方法、设计技巧。

【素质目标】

(1) 通过小组分工对不同阶段的设计任务的实施，培养学生团队合作能力，形成善于沟通、乐于交流的团队意识；

(2) 具有园林设计的审美能力，树立园林文化自信；

(3) 养成勤于绘图、尊重实际、恪守规范的职业操守。

任务 3-1 街头绿地设计

工作任务

【任务描述】

江南某中小城市商住区附近拟建一处街头小游园，面积约为 2000m²，地块西侧紧邻城市主干道，主干道两面为高层商业写字楼，周边其他用地以居住用地为主，基地内部没有明显地形变化，具体情况如图 3-1 所示。要求在对基地现状和周边用地环境充分调研的基础上，结合场地的自然条件和人文历史，形成完整的 SWOT 分析，并运用所学理论知识对该处街头绿地进行规划设计。

【任务分析】

本次设计任务为城市街头绿地设计，此类绿地多位于街道旁供行人或附近居民短时间游憩，在设计过程中需明确与其他类型城市绿地的主要功能区别，突出街头绿地景观特点。通过详细的前期调研明确主要使用人群，根据不同的使用需求和交往方式对空间进行布局，形成合理的功能分区。充分运用各园林景观构成要素，设计出布局合理、构思新颖的方案，满足改善人居环境、提供游憩活动空间、科普教育、防灾避难等功能，并明确方案中硬质景观要素和软质景观要素的具体安排。

【工具材料】

照相机、绘图纸、橡皮、尺规、针管笔、彩铅或马克笔、计算机辅助设计软件等。

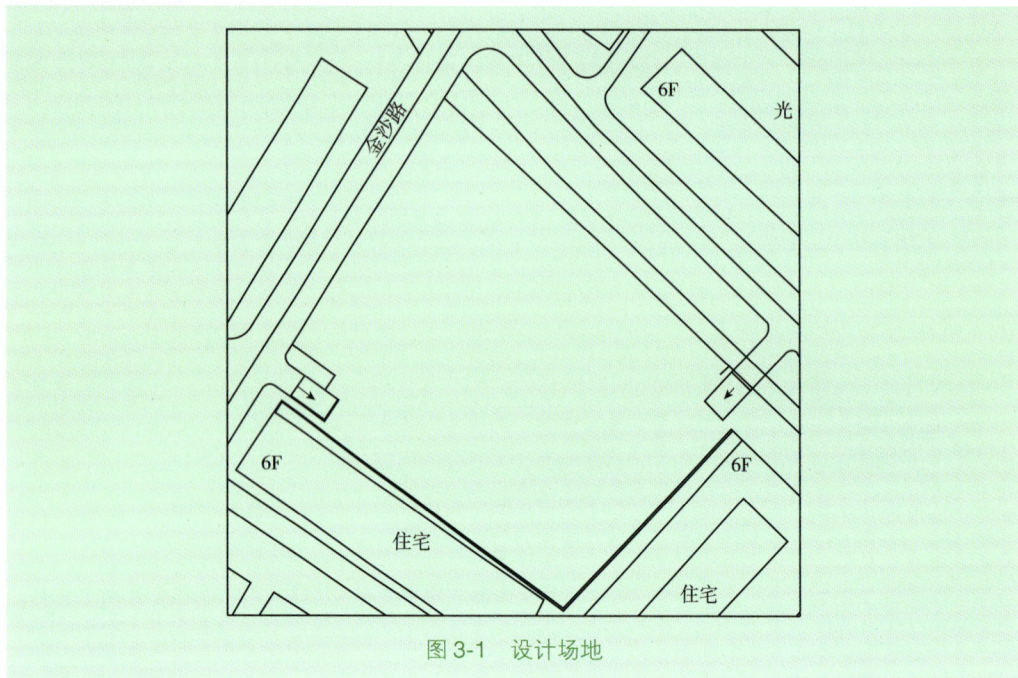

图 3-1　设计场地

📖 知识准备

街头绿地是目前城市公共空间中与居民日常生活关系最为紧密的绿地类型之一，它为人们多样的户外活动提供了场所，使人们很多自发性活动和社会性活动成为可能，同时它在美化城市和保护生态环境中也发挥着重要作用。街头绿地的设计要点主要从硬质景观和软质景观两个方面考虑。

1. 街头绿地硬质景观设计

（1）道路

①铺装材料　地面硬质铺装是道路系统的重要组成部分，它除了具有美化环境的基本功能之外，还具有划分场地、警示、诱导和指示等功能，在设计时重点进行色彩、构成和表面质感的处理（图 3-2）。在街头绿地景观设计中，为了保持空间的整体性和通透性，经常在立面上弱化道路的边界，而用不同的铺装形式来划分空间，使街头绿地更具开敞性，这在一定程度上也可以弥补街头绿地面积较小的问题。街头绿地还要突出入口的景观设计，这就要求在铺装材料的色彩、质地或在铺装材料本身的组合方面进行变化，从而形成明显的识别性入口，起到划分空间的作用。

图 3-2　街头绿地铺装设计

②无障碍设计　街头绿地设计中供轮椅通过的道路宽度要在 1.2m 以上，纵向断面坡度在 1/25 以下，当这种坡路长度超过 50m 时，应设置长度 1.5m 以上的水平部分作为休息平台，便于行人休息。当园内有不同高差的场地需要用台阶连接时，也应该在台阶附近设置坡道方便残障人士通行。

（2）小品

①休息设施　主要是指在街头绿地中能够提供游人小憩的座椅、坐凳等，这类休息设施首先设计必须符合人体工程学，一般将普通座椅的尺寸设计成为：座面高 38~40cm，座面宽 40~45cm；标准长度为：单人椅 60cm 左右，双人椅 120cm 左右，三人椅 180cm 左右，靠背座椅的靠背倾角为 100°~110°。其次，要根据设计需求选择合适的材质，如木材、石材、混凝土、铸铁、钢材、塑料等，各种材料质感有较大的差别。另外，座椅的布置还应当按照人的行为习惯来安排，除了遵循边界效应规律和满足观赏要求外，还应当考虑不同人群的使用方式。例如，为满足亲密交流的需求，场地中应当利用树篱、花池等为座位营造一定私密感。而用于加强陌生人交流的座位则应当呈线形或环形，既可以使人坐得较近，又不必有视线接触，比较自在。而对于以群体性活动为主的空间中，宽大的无背长椅、成直角摆放的座位以及活动桌椅等是较为常用的形式（图 3-3）。

②健身游乐设施　近年来为提高全民健康意识，在很多街头绿地中出现了大量设有健身游乐设施的小型场地，设计时应当根据使用人群的需求合理安排。这些健身游乐设施有不少是供儿童和老年人使用的，因此在设计中要更加注重安全性，尤其是儿童游乐设施的场地必须注意铺装材料的使用，可以采用沙子或橡胶地面（图 3-4），器具要足够牢固，避免出现过于尖锐的部件。场地应该与周边环境有适当的绿化隔离，特别是在靠近马路的街头绿地中，这样既可以减少活动人群与城市交通之间的相互干扰，又可以在一定程度上减少汽车排放的废气对活动人群的不良影响。

③雕塑　雕塑能够赋予人们丰富的感受和联想，一个成功的雕塑作品在环境中具有强大的感染力，可以配合空间与环境，增强整体意境的表现力。雕塑赋予了街头绿地精神内涵和艺术魅力，提高了环境的文化品位和质量，已经成为街头绿地空间环境的重要组成内容之一。在设计过程中应该充分挖掘地方文化精华，用现代景观语言营造极具地域文脉的绿地景观，并且要使雕塑作品的形式和体量与周围环境相符（图 3-5）。

图 3-3　街头绿地休息座椅设计

图 3-4　街头绿地游乐设施场地设计

图 3-5　上海普善路三角绿地雕塑设计

图 3-6　街头绿地照明设施设计

　　④照明设施　景观灯是街头绿地的重要组成部分，它不仅是很好的装饰品，丰富了景观空间，同时也能充分发挥其指示与引导作用，并使景观空间具有舒适、愉悦和安全的气氛（图 3-6）。街头绿地中应用的灯具主要有路灯、草坪灯、水池灯、地灯等，不同空间、不同场地的灯具形式与布局各不相同，设计应在满足照明需要的前提下，对其体量、高度、尺度、形式、灯光色彩进行统一设计，以烘托不同的景观。

2. 街头绿地软质景观设计

　　街头绿地软质景观主要体现为植物配置，植物的色彩和形状是街头绿地使用者获得乐趣的一个重要因素，它既可以增加趣味性，又可以形成局部区域的标识性。植物的季相变化可以营造不同的景观氛围。街头绿地的植物种植应当遵循两个原则，一是适地适树，种植设计时要根据绿地中不同地段在光照、温度、湿度以及风力影响等方面的差别进行合理设计，选种适宜的植物，使之与基地环境相适应；二是尽量形成植物群落，应当充分利用乔木、灌木、藤本、地被植物等形态不同、习性各异的植物组合形成多层复合结构的植物群落（图 3-7）。对于大多数街头绿地而言，在相对较小的空间内利用不同的植物进行视觉吸引是很重要的方式，设计时可以通过选择不同形状、大小、质感、色彩的植物来达到多样对比、突出重点的效果。除此之外，在空间处理上也可以采用不同的植物配置方式，使空间错落有致，设计时充分利用各类植物营造出开敞式、半开敞式、垂直式、覆盖式、封闭式等空间类型，给游人丰富的空间感受。

图 3-7　复合植物群落

🍃 任务实施

1. 案例调查与研究

（1）调查与分析设计场地区位特征、现状资源

该阶段的首要任务是对场地的区位背景、自然环境和人文环境进行调查，同时完成场地地形图、设计红线、地上地下管线分布状况、周边用地及交通等资料的收集。由 3~4 人组成设计小组，携带测量工具、制图工具，通过现场踏勘了解基地周边及基地内部情况，并填写表 3-1、表 3-2。

表 3-1　分工情况

小组名称		工作任务	街头绿地设计	组长	
调研任务分工		成员		分工	

表 3-2　街头绿地设计区位及基地现状情况

小组名称			组长	
区位分析	规划定位及总体要求			
	自然环境条件			
	区域环境			
	历史文化条件			
	交通条件			
现状分析	工程范围和工程规模			
	场地地形地貌特征			
	场地内水体情况			
	场地道路			
	现有植被构成及分布状况			
SWOT 分析	存在问题和劣势			
	项目设计的挑战和机遇			

要求每小组完成一份调研报告，成果可以是 Word、PPT 等形式，手绘或计算机绘制相关分析图。

（2）分析使用需求与意愿

按照前期调查分组，通过问卷调查或访谈法收集附近使用人群对街头绿地景观设计的需求并进行分析，完成问卷调查内容（表 3-3）。

表 3-3　街头绿地设计问卷调查表

序号	设计内容	设计目的	问卷调查内容	备注
1	个人信息	了解使用人群的主要类型	您的性别是_____ 您的年龄是_____ 您的文化程度是_____	
2	满意程度	了解使用者对街头绿地的潜在需求	您关注街头绿地景观设计的哪个方面？ 您对目前的街头绿地景观满意吗？ 您觉得目前街头绿地公共活动场地充足吗？ 您觉得街头绿地最吸引人的地方是什么？	
3	景观功能	了解使用者对街头绿地的景观功能需求	是否需要提供游憩场地？ 是否需要增添健身活动空间？ 是否需要增添亲水空间？ 是否需要提供绿化植被的丰富度和功能性？	

（3）典型案例研究与分析

以小组形式选择一处城市街头绿地相似案例，通过查阅文献等，了解案例所在区域的社会环境、人文环境、道路周围环境，并在研习案例的基础上，每组完成一份案例分析报告，并以 PPT 等形式进行汇报，然后对其进行评价（表 3-4）。

表 3-4　街头绿地设计案例分析评价表

小组名称		总分	
1. 条件分析与案例选择（每项 5 分，共 15 分）			评分
基地条件分析合理			
条件问题指向明确			
案例选取得当			
2. 案例资料收集（每项 5 分，共 10 分）			评分
项目背景及其环境（业主）条件有所交代			
实景图像与必要的图纸资料清晰可读			
3. 案例分析与总结（每项 10 分，共 50 分）			评分
能找到符合要求的案例			
对所用案例进行简明全面的介绍			
对案例的相关条件进行充分分析，提出自己的评价和理解			
对案例说明问题作出有序总结			
能提出有利于下一步方案设计的启发性要点			

（续）

4. 图面表达与编排（每项 5 分，共 15 分）	评分
分析图表达清晰，可读性强	
PPT 内容前后条理性强	
画面构图均衡，文字编排适宜	
5. 现场汇报与互动（每项 5 分，共 10 分）	评分
内容组织连贯，讲述条理性强	
口头表达能力强，与听众有良好的沟通和互动	

2. 初步方案构思

依据前期调查研究的结果确定设计理念，根据设计要求和相关设计规范构思初步方案，并确立设计目标和设计原则。要充分了解使用人群的兴趣和需要，塑造真正适应不同年龄、不同层次人群的活动和交往空间。针对休憩、交往、运动、娱乐等不同活动内容对环境空间进行细化，同时满足居民亲近自然的心理需求。还可以通过小区居民直接参与的方式对设计方案进行调整，使街头绿地的各项功能能够切实服务于各类人群。

3. 总体方案设计

在完成初步方案的基础上，进一步完成详细设计方案，具体包含边界与入口处理、功能空间布局、景观要素设计等。

4. 方案图纸绘制

根据街头绿地规划设计的理论知识和设计要求，最终完成本方案整套设计图纸，以快速手绘方式完成相关图纸绘制，设计图纸应包括以下内容：

①平面图（1 张）　应包含设计范围内的所有景观元素，要求能够准确表达设计意图，主要体现功能区划、道路规划、植物种植设计等，图面整洁，图例使用规范。

②剖、立面图（1~2 张）　为了更好地表达设计思想，要求绘制出主要观赏面的立面图及重要节点剖、立面图。在绘制剖、立面图时应严格按照比例表现各景观元素的竖向层次关系，重点表达地形、建筑物、构筑物、植物等立面设计内容。

③效果图（1~2 张）　应注意选择合适的视角，真实地反映重要节点的设计效果。

④景观分析图（2~3 张）　要求清晰表达设计思路，如现状分析图、功能分区图、道路交通分析图、景观结构图等。

⑤设计说明　主要包括项目概况、规划设计依据、设计原则、设计理念等内容，以及补充说明图纸无法表现的相关内容。

⑥植物配置表　以图表的形式列出所用植物材料名称、图例、规格、数量及备注说明等。

📖 考核评价

姓名		任务内容		街头绿地设计						
序号	考核项目	考核内容	等级				分值			
			A	B	C	D	A	B	C	D
1	态度	实践过程中认真且积极主动完成布置的每项任务	好	较好	一般	较差	15	10	8	4
2	设计内容	设计方案科学且合理，符合街头绿地设计的基本原则，具有可达性、功能性、经济性和美观性	好	较好	一般	较差	30	24	16	12
3	设计成果	方案文本、图纸符合行业规范，内容完整，具有可行性且按时完成	好	较好	一般	较差	25	20	15	8
4	协作能力	在小组作业中能相互配合共同完成每项任务	好	较好	一般	较差	15	10	8	4
5	创新能力	设计立意新颖，符合时代趋势	好	较好	一般	较差	15	10	8	4
合计得分										

任务 3-2　乡村共享空间景观设计

工作任务

【任务描述】

江苏北部某城市行政村下辖的一个自然村小庄村，因该村位于市级特色田园乡村区域内部，为进一步对接城乡总体规划的顶层设计、促进特色田园乡村建设、推进周边休闲产业纵深发展、完善村庄景观风貌和基础设施配套，准备结合村庄规划建设方案，对入口处的废弃闲置用地进行景观设计。建设一处乡村共享空间景观。要求在红线范围内进行规划设计，面积约为 1000m²(图 3-8)，在提升村庄入口景观形象的同时，为村民提供一处可游、可赏、可憩的共享空间。

【任务分析】

本任务为特色田园乡村入口景观设计。需要结合场地周边现状资源与乡村规划设计相关要求，突出乡村入口的功能特征与使用需求。在前期调查中，需要了解乡村入口场地区域特征与现状资源的分布，结合周边地区居民使用需求与意愿，体现景观设计的公共性与实用性。在设计的过程中，一方面要确定设计场地的主题定位与设计策略，找准景观设计的基调，按照一定的功能划分与设施布置满足周边居民的生活需求；另一方面要完成设计场地的交通流线与出入口设计，与乡村内部道路衔接，强化入口周边环境的植物配置多样化，选择乡土树种，给人以舒适的视觉体验，突出设计的人性化与便捷性。

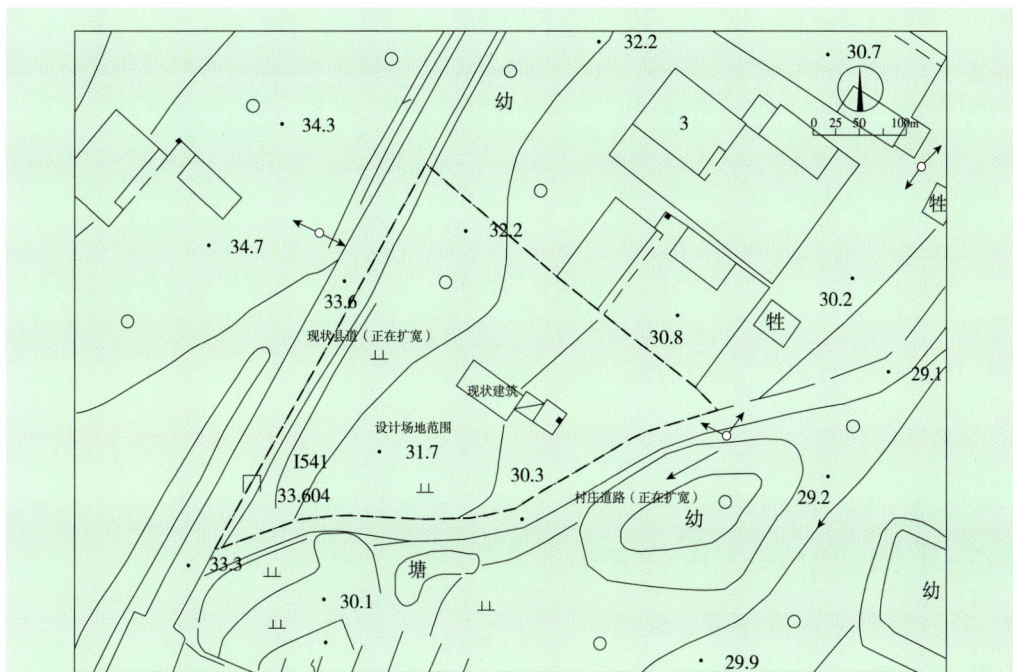

图 3-8　设计场地范围图

【工具材料】

草图纸，绘图笔，橡皮，安装 AutoCAD、SketchUp、Photoshop 软件的计算机等。

知识准备

　　乡村共享空间是乡村地区村民休闲娱乐、运动健身和日常交往的重要场所。随着城市发展进程的加快，城市公园、活动广场等绿色基础设施不断完善，而对于乡村而言，这些绿色基础设施却相对较少。在此背景下，乡村共享空间建设不仅是对国家乡村振兴战略和美丽乡村建设的积极响应，也是吸引村庄当地居民返乡就业、解决乡村"空心化"、促进老龄化人群提高身心健康的重要途径和措施。

　　乡村共享空间作为乡村公共生活空间的组成部分，主要以自然的乡村和农民的生活、生产为主体，包含现代化的农业生产、生态化的田园风光、园林化的乡村气息和市场化的创意文化等景观，是融合农耕文化、民俗文化和乡村生活文化于一体的新型乡村公共空间。

1. 乡村共享空间景观功能特征

　　乡村共享空间以乡民休闲游憩功能为主，同时可兼顾文化、旅游、游乐、纪念和农业等功能。其在社会、经济、环境方面具有一定的功能特征，需要突出乡村共享空间功能设计的各项要点，推进美丽乡村建设。

1）社会功能方面

　　乡村共享空间景观设计应能承载乡民的户外运动与邻里交往，注重设施的配套建设，应充分考虑学龄前儿童游戏、青少年运动、老年人交流等。此外，乡村共享空间也是村民休闲生活的重要部分，一方面，农业技术的提高解放了乡民的农耕工作，第二、第三产业在美丽乡村建设的立足也带来了劳动方式的转变，这使得当代村民对业余的休闲生活的诉求成为可能；另一方面，乡村共享空间可通过健身器材、小型广场等的设置满足此种需要，将健康的生活理念与生活方式普及。

2）经济功能方面

乡村共享空间在选址和设计上应做到节约投资、维护容易；最好能结合乡村地区的农业生产，兼顾经济发展；在发展旅游的村庄，也可将乡村共享空间景观作为乡村旅游的补充，使其展现原乡风情，吸引游客，增加乡民收入。

3）环境功能方面

乡村共享空间作为承载游憩娱乐活动的场地，其本身良好的自然条件应当担负起美化环境、净化环境的功能，并在一定程度上起到教育意义。

2. 乡村共享空间景观设计原则

乡村共享空间是供村民及游客共同使用的空间，其景观设计应在尊重村庄发展与建设的现状基础上，充分发挥村庄独有的地理特色和文化内涵，应当遵循以下 6 个方面的原则。

（1）因地制宜原则

利用现状条件，因地制宜地选择场地，在对原有地形进行深入分析的基础上，根据需要及不同地形特点适当进行改造，合理布置公共活动空间的景观要素。

（2）功能性原则

统筹兼顾功能与设计两者的关系，做到绿化景观与功能相结合、相统一，既考虑绿地的实际功用，又反映乡村独有的生活气息。

（3）经济性原则

在绿地设计中综合考虑，统筹规划，优化资源，绿地规划与经济建设有机结合起来，努力做到耗费较少的财力、人力、物力来达到较为理想的效果。

（4）突出乡土特色原则

乡村绿化只有突出乡土特色，才能体现独具魅力的乡村风光。因此，绿化必须避免盲目套搬城市的绿化手法和模式，要充分利用自然地形地貌，结合自然条件与地域文化，注重利用和保护现有的自然树木与植被，充分体现乡村的田园风情和自然风光。

（5）节约型原则

节约型绿化是全面落实科学发展观，加快建设节约型社会，促进乡村绿化健康发展的客观要求。乡村绿化更要因地制宜、生态优先、科学建绿，将节约的理念贯穿于乡村绿化的全过程。

（6）参与性原则

强调人性化设计，注重景观的视觉效果与实用性的结合，互动景点的设置要契合居民使用需求，增加人与环境的互动，延长村民及游人在空间内逗留的时间。

3. 乡村共享空间景观设计要素分析

乡村共享空间景观不仅是一种景观，更是一种文化，一种历史的鉴证。乡村共享空间景观设计，要注重对乡村文化的显性表达和隐性传承，构建具有品赏价值的乡村景观。好的设计应注重每个细节，在乡村共享空间景观设计中，应当充分在乡村建筑、道路铺装、汀步、景观小品、标识系统、景墙、田园景观、休息座椅、游乐等方面进行精心考虑，从而营造出良好的氛围。

1）建筑景观

乡村共享空间的建筑景观应当与乡村田园风光协调一致、完美融合，在建筑整体风貌、装饰小品、外立面颜色等方面充分体现乡村原有的文化氛围和人文记忆。乡村建筑的打造不仅要传承乡村的历史文化，还需结合时代的技术和发展理念赋予其新的活力，如图 3-9 所示。

图 3-9 特色田园乡村建筑景观

2）道路铺装设计

乡村道路铺装设计在乡村景观设计中非常重要，其能成为乡村景观设计中的一道靓丽风景。道路设计应与自然融为一体，例如，乡间的大田景观设计坚实的土路，田园小景观设计石头铺装或是拼接碎石路；亲水处可设计木质栈道等给人亲近感。不同材质的道路铺装会带给人不同的体验，见表 3-5 所列。

3）景观小品设计

景观小品是景观中的点睛之笔，一般体量较小、色彩单纯，对空间起点缀作用。景观小品种类较多，具体包括景墙、雕塑、壁画、艺术装饰、座椅、电话亭、指示牌、灯具、垃圾箱、健身器材、游戏设施等。

表 3-5　常用道路铺装材料

序号	道路铺装材料	用途及其优势
1	砖	常用铺地材料，可铺设成各种图案，不仅经久耐用且美观大方。可用来铺设行车道、农家小院、园径和台阶
2	混凝土	价格低廉，可单独使用，也可与其他材料，如木材、砖块一起使用。给人一种单调的感觉
3	砾石	价格低廉，常常作为临时性的铺装材料，有时用来铺筑园路、巷道或村内车行道路。可用于植物之间形成一种镶嵌式的设计，或铺设在石板、踏脚石或其他硬质材料之间
4	石头、石板	用这种材料铺就而成的农家小院、园路、田间小径、硬质台阶等，不仅可以美化道路，而且实用耐磨
5	枕木	用作枕木的木材通常非常结实且耐磨，所以适宜用在户外。是亲水栈道和台阶的好材料，一方面可以增加步行的舒适感，另一方面也可以让行人产生一种安全可靠的感觉
6	土路	夯实的土路使乡村景观与大地景观、花海景观很好地结合

　　乡村共享空间景观小品要以村民需求为切入点，充分考虑乡村景观小品对村民的影响力和服务能力，从不同的角度入手进行乡村景观小品的设计，挖掘和展示景观小品的地域性文化，为村民提供舒适的空间环境和便利的生活设施，并围绕农村党建文化的开展深化村民自治实践，激活乡村环境活力，打造以村民为主体的生态宜居家园，如图 3-10 所示。

（1）标识系统设计

　　乡村共享空间景观中的标识系统是乡土文化的重要组成部分，更能够展现不同村庄风格、乡风习俗、特色文化等。村庄入口标识牌更是美丽乡村文化的"魂"，是一个村庄精神美的点睛之笔。它们为美丽乡村建设注入了新的内涵，增添了一道道靓丽的风景。在乡村共享空间景观营建过程中，应将标识牌这一物质载体与村民精神信仰、生活传统和审美趣味结合起来，在聚集鲜明的地域文化、历史、产业等因素的基础上，不断发挥创造和想象力，进行乡土文化创新。如今在很多村庄的出入口，都建起带着浓郁乡土田园文化气息的村标，如图 3-11 所示。

图 3-10　特色乡村景观小品

图 3-11　乡村景观标识系统

图 3-12 特色田园乡村景墙设计

（2）景墙设计

景墙在园林中的常用手法有障景、漏景，也可作为背景。景墙既可以作为单独的景观，也可以连成一片，成为连贯性的围墙，如图 3-12 所示。

任务实施

1. 案例调查与研究

1）设计场地区位特征、现状资源的调查与分析

要求以分组的形式（表 3-6），结合设计场地区位特征、现状资源的调查与分析，完成场地设计前期的基础工作，包括乡村共享空间的选址、区位分析、周边资源分析、内部地形地貌分析、现状设施及绿化条件分析（表 3-7）；此外，小组需提前设计问卷调查内容，完成乡村居民使用需求与意愿的分析（表 3-8）。

要求每小组完成一份调研报告，成果可以是文本文件（Word）或幻灯片（PPT）等形式，手绘或计算机绘制分析图。

表 3-6 分工情况

小组名称		工作任务	乡村共享空间景观设计	组长	
调研任务分工		成员		分工	

表 3-7　乡村共享空间景观设计的区位及基地现状情况

小组名称		组长	
区位分析	规划定位及总体要求		
	自然环境条件		
	区域环境		
	历史文化条件		
	交通条件		
现状分析	工程范围和工程规模		
	场地地形地貌特征		
	场地内水体情况		
	场地道路		
	现有植被构成及分布状况		
SWOT 分析	存在问题和劣势		
	项目设计的挑战和机遇		

2) 居民使用需求与意愿的分析

要求按照前期调查分组，通过问卷调查或访谈法收集村民对乡村共享空间景观设计的需求并进行分析，完成表 3-8 问卷调查内容。

表 3-8　乡村共享空间景观设计问卷调查表

序号	设计内容	设计目的	问卷调查内容	备注
1	个人信息	了解居民类型	您的性别是_____ 您的年龄是_____ 您的文化程度是_____	
2	满意程度	了解居民对乡村景观的需求	您关注乡村景观与环境哪个方面？ 您对目前的乡村环境满意吗？ 您觉得目前乡村的公共活动场地充足吗？ 您觉得乡村最吸引你的地方是什么？	
3	景观功能	了解居民对共享空间的景观功能需求	是否需要提供游憩场地？ 是否需要增添健身活动空间？ 是否需要增添亲水空间？ 是否增加小尺度的集会场所？ 是否需要提升绿化植被的丰富度和功能性？	
4	文化功能	了解居民对当地乡土文化的需求程度	是否需要加入传统文化元素？ 是否需要带有乡土韵味？ 是否采用中式的风格形式？	

3)乡村共享空间景观设计的典型案例研究与分析

按照前期调查分组，详细搜集并整理与乡村共享空间景观设计相关的典型案例，并进行案例分析与汇报。

要求每人选取一个乡村共享空间景观设计实例进行研究分析，并以PPT等形式进行汇报，然后对其进行评价（表3-9）。

表3-9 乡村共享空间景观设计案例分析评价表

姓名		学号		班级		总分	
1. 条件分析与案例选择（每项5分，共15分）							评分
基地条件分析合理							
条件问题指向明确							
案例选取得当							
2. 案例资料收集（每项5分，共10分）							评分
项目背景及其环境（业主）条件有所交代							
实景图像与必要的图纸资料清晰可读							
3. 案例分析与总结（每项10分，共50分）							评分
能找到符合要求的案例							
对所用案例进行简明全面的介绍							
对案例的相关条件进行充分分析，提出自己的评价和理解							
对案例说明问题做出有序总结							
能提出有利于下一步方案设计的启发性要点							
4. 图面表达与编排（每项5分，共15分）							评分
分析图表达清晰，可读性强							
PPT内容前后条理性强							
画面构图均衡，文字编排适宜							
5. 现场汇报与互动（每项5分，共10分）							评分
内容组织连贯，讲述条理性强							
口头表达能力强，与听众有良好的沟通和互动							

2. 规划设计阶段

在对设计场地进行前期研究与掌握现状情况之后，根据园林景观规划设计的程序以及乡村共享空间景观设计的具体任务和内容，完成乡村共享空间景观设计。

1)确定设计场地的主题定位与设计策略

结合前期设计任务要求，可以明确该地块不仅是村庄入口的形象景观，也是村民公共活动的空间，应充分体现村民共享的设计理念，积极融入具有乡土元素、乡村文化、乡愁情境的入口空间景观设计。在这一理念的指导下，该地块的设计应从景观元素的应用、景观小品的营建、植物绿化的配置、活动设施的配备等方面采取相应的设计策略，突出共享共建的景观设计特征。具体设计中，可通过入口景墙、块石汀步、乡土植物、道路铺装、游憩设施、休息亭等的融入，创造一个功能合理、简洁明快、层次分明、乡土气息浓郁的乡村共享空间。

2) 明确设计场地的功能分区与景观结构

结合设计任务要求，在充分了解现状资源分布和居民使用需求的基础上，合理划分设计范围内的功能内容和区域划分，从而确保在功能划分和景观结构上满足不同人群的使用需求。在整体空间布局上，步行流线的方向和道路出入口的开设应符合居民就近、安全的原则，在景观结构上合理布局、重点突出、详略得当。

3) 绘制相关设计图纸

每人独立完成一个完整的乡村共享空间景观设计，包括前期分析、方案设计、方案分析等，可手绘或计算机绘制出图。

图纸要求为 A3 幅面排版，内容包括：总体布局与相关专项设计图(除特殊注意，其他比例不限)、详细设计图。

总体布局与相关专项设计图包括：总平面图；总体鸟瞰图；道路系统规划图；竖向规划图；其他与设计意图表达紧密相关的图。详细设计图包括：重点局部放大平面图 2 张，选择两处具有特色或重要位置区域，比例为 1∶100；重要节点透视图或小品设计图 3 张；剖面图 2 张。

🍃 考核评价

姓名		实训内容	乡村共享空间景观设计							
序号	考核项目	考核内容	等级				分值			
			A	B	C	D	A	B	C	D
1	态度	态度认真，积极主动，操作仔细，记录认真	较好	一般	较差		10	8	6	4
2	设计内容	设计科学合理，符合绿地设计的基本原则，具有可达性、功能性、亲和性、系统性和艺术性	较好	一般	较差		20	16	12	8
3	综合应用能力	结合环境综合考虑，满足功能和创造优美环境，通过植物配置创造四季景观，同时充分考虑到植物的生态习性和对种植环境的要求	好	较好	一般	较差	30	25	15	10
4	实训成果	设计图纸规范，内容完整真实，具有可行性，独立按时完成	好	较好	一般	较差	25	20	15	8
5	能力创新	表现突出，内容完整，立意创新	好	较好	一般	较差	15	10	8	4
合计得分										

知识拓展

1. 康复花园设计

康复花园又称康健花园、疗养花园、康复医疗花园或医疗花园，是近30年来开始兴起于美国的一类园林形式。通过设计师的精心设计，在花园提供欣赏、游玩等功能的同时，使这类景观发挥有助于康复的特殊作用。

康复花园可设在医院或疗养院等卫生部门，它主要的任务是：减轻病患的心理负担以最大程度保障其身心健康的状态；为医务人员提供释放工作压力的场所；提供物理治疗和园艺治疗的良好景观场所；帮助患者提高自身的恢复能力；在一定程度上可获得传统物理治疗达不到的康复效果；为使用者提供安静隐私的交流和活动环境。例如开展冥想、感知、体验活动等，而这种康复性的景观以花园的形式呈现，便是康复花园。

1) 康复花园的类型

结合康复花园的不同使用特点和康复内容等，主要分为以下五类：

(1) 医疗花园

花园能够为患者提供积极的恢复身体功能的机会，主要侧重于从生理、心理和精神三方面或其中某一方面恢复健康。

(2) 体验花园

侧重于从患者(残障人士或老年人)生理上的需求来维持和提高他们的身体健康状态。通过患者积极参与花园中的活动，在一定程度下，借助有意义的活动过程和认知思维来调节其精神状态，从而循序渐进地维持和提高他们的身体健康状态。

(3) 冥想花园

冥想花园设计在于能够使病患个人或群体集中注意力，放松心情安静思考，在思考过程中发现自己内心的想法，这类花园对于患者在精神上和心理上的恢复更为重要。

(4) 复健花园

花园的设计方案与患者的治疗方案相同，目的是达到期望的医疗效果，主要关注身体上的康复，其次才是心理和情感的恢复。

(5) 疗养花园

花园设计的目的是缓解压力，使病人重获动态平衡，关注病人的心理和情感健康，使他们在压力后重新达到身心平衡。

2) 康复花园的设计原则与要点

(1) 康复花园的设计原则

①以人为本　以人为本作为康复花园设计的首要原则，要求从人的需求出发进行设计，按照不同使用人群的需求和使用条件来设计康复花园。如病患需要特别关照、体现人文关怀的空间，工作人员需要放松区域，病患家属也需要休息空间。

②无障碍设计原则　无障碍设计不仅能够满足轮椅患者的行动需求，前往目的地，而且能够方便他们感知周围的环境，增强便利性。无障碍步道的设计，室外空间的可达程度必须足以让患者步行和轮椅通过，单行道的宽度必须大于150cm，双向步道宽度大于210cm，步道坡度不应超过5%。

③感知性原则　景观设计中的各个元素能够给人带来不同的观感体验，如视觉、听觉、嗅觉、触觉等多样的感官体验，可以对人产生积极作用。从嗅觉入手，康复花园中适当引入具有香气的植物，也能帮助病患更好地恢复健康，如薰衣草、紫叶酢浆草、天竺葵等植物的香气具有镇定效果，能够帮助人们拥有更好的睡眠，又如薄荷和玫瑰等植物的香气能够让人头脑清醒。

④美观性原则　景观产生的美感，不仅能提升城市整体形象，也能更好地让患者用心与环境沟通，如徐州市睢宁公园(图3-13)。

图3-13　徐州市睢宁公园

⑤地域性原则　地域性是一个地方人文和自然因素共同作用形成的特性。在地域文化中，提取地域特色融入设计，构建独具风格的景观空间，利于打造别具一格的景观，也利于引起使用者的共鸣。在景观的营造中，选用乡土植物并采取低成本、低能耗的植物种植、栽培方式和自生演替的形式，能有效地节约经济成本。

(2)康复花园的设计方法

在传统园林景观设计方法的基础上，康复花园的设计更加注重环境的营造、种植的体验设计以及患者的功能需求等，其设计方法侧重于以下内容：

①考虑环境因子(如新鲜空气、阳光、流水、植物香气等)能够直接参与患者人体生理活动过程。

②考虑通过人的感觉器官给人以良好的生理、心理刺激。将障碍人群融入一般人群考虑，充分开发除视觉以外的对景观的感知能力(听觉、嗅觉、触觉、味觉等)，让他们能一起在同一区域体验环境。

③充分强调园艺活动。利用植物栽培和园艺操作活动，帮助患者从社会、教育、心理和身体诸方面进行调整更新。

④更加注重有积极意义的艺术设计。医疗机构的雕塑等人造艺术品所传达给患者的信息必须是积极向上的。设计上融入清晰可辨的园林元素，整体以植物景观为主、空间简单明确、道路不会让人失去方向感，再加上细腻的水景、舒适的座椅，显得生机盎然。

2. 口袋公园设计

1) 口袋公园的定义与特点

(1) 口袋公园的定义

口袋公园是一种规模很小的城市公共活动空间，它们常呈斑块状散落在城市中，直接为当地居民服务。由于口袋公园的选址与建设相对灵活，其空间分布更趋向于离散，相互之间没有关联，不需要连成一片。从广义上来看，口袋公园是由其物理面积所决定的，包括了小游园、街旁绿地、线性公园、小型广场等。从狭义上来看，口袋公园应当位于高密度的城市中心区域，这些公园面积虽小，却方便可达、设计精致，深受用户的喜爱。

(2) 口袋公园的特点

①占地面积小 口袋公园的面积通常较小，一般面积在 $400 \sim 8000 m^2$，是对公众开放的且具有一定游憩功能的场地。美国几个著名的口袋公园，如佩雷公园(Paley Park)、绿亩公园(Greenacre Park)，面积只有几百平方米。例如，《上海市街心花园建设技术导则(试行)》中认定口袋公园的面积为 $500 \sim 5000 m^2$。

②选址灵活 在实际选址和建造过程中，口袋公园往往利用城市规划中的剩余用地或是城市更新过程中遗留下的荒废用地，因此口袋公园一般分布离散、随意性高、地块形状不规则、较少受到场地制约。

③功能单一 相较于大型的综合性公园、社区公园、各种专类园，口袋公园的主要功能是供使用者日常简单、短暂的休闲活动。较小的面积、较灵活的选址布局难以承载大型游览、社交等功能。

④服务区域小 口袋公园主要的服务对象是周边的社区居民、商务楼宇办公人员以及行人，服务对象相对单一，服务半径一般控制在 500m 左右。

⑤使用频率高 相较于大型公园绿地，口袋公园对于服务人群来说，更容易到达。对于工作日需要短暂休息的人们来说，其功能性更强。

2) 口袋公园的功能及其分类

口袋公园和一般的城市绿地、公园绿地不同，它的场地面积较小，分布较广，易受周边环境的影响。一方面口袋公园虽小，但是它的功能较多，对城市建设可以起到非常积极的作用；另一方面，一个好的口袋公园本身也具有一定的形象，可以成为展现城市魅力的窗口，在发掘城市特色、增加城市的辨识性方面起到积极的作用。

（1）按照功能分类

因其占地面积小，通常只有某一种或者两种功能，可以将其分类为居住型、交通型、游憩型，具体如下表 3-10。

表 3-10 口袋公园按照功能分类以及主要内容

类别	主要内容
居住型口袋公园	宅旁绿地、社区中心、组团绿地
交通型口袋公园	道路节点、站前广场、交通环岛旁小型绿地
游憩型口袋公园	商业区内的小型绿地、商业广场、小型游憩公园

（2）按照形态分类

不同的地貌条件、不同的外部环境、不同的城市文化传统造就了各式各样的口袋公园，根据口袋公园的基本形态可以将其划分为自然型、几何型和混合型。

（3）按照位置分类

①街道角落的口袋公园 位于街角的口袋公园两边临街，因此可以多设置几个入口和近路以便路过的行人穿行。如果街旁恰好有公交车站，则可以安置面向街道的座椅，供候车的人在此休息，如图 3-14 所示的昆山稚趣街角口袋公园。

②街区内部的口袋公园 位于街区内部的口袋公园面向街道的边界通常很窄，很容易被忽视。而且公园用地越狭长，距离街道较远的一端利用率就越低。但这类口袋公园的优势在于安静和相对较高的安全性，如图 3-15 所示的昆山耘圃口袋公园。

图 3-14 昆山稚趣街角口袋公园

图 3-15 昆山耘圃口袋公园

图 3-16　昆山富春园

③跨街区的口袋公园　跨街区的口袋公园连接了两条街道，为行人提供了可以穿行的捷径。但由于两个不同街区会经由公园相互连接，容易造成领地冲突的现象，如图 3-16 所示的昆山富春园。

巩固训练

图 3-17 所示的公园，占地面积约为 3200m^2。请以满足市民出行、休憩需求，营造美丽宜居城市环境为总要求，充分结合前述理论知识与设计理念，完成该地块的设计内容。要求绘制总平面图、分析图、效果图、植物种植设计图、立面图、剖面图和设计说明等。

图 3-17　设计场地区位及范围

项目 4　道路、广场绿地设计

学习目标

【知识目标】

(1) 了解道路、广场绿地设计的基础知识；

(2) 掌握道路、广场绿地设计的原则、内容；

(3) 熟悉并掌握各类道路绿地、广场的设计方法。

【技能目标】

(1) 能够灵活运用道路绿带的设计要点，进行道路绿带设计；

(2) 能够灵活运用花园林荫道的设计要点，进行花园林荫道绿地设计；

(3) 能够灵活运用交通岛的设计要点，进行交通岛的绿地设计；

(4) 能够灵活运用广场的设计要点，进行广场设计。

【素质目标】

(1) 通过对道路绿地有关资料的查阅、收集，培养学生自主学习的能力；

(2) 通过对任务的分析、实施，培养学生独立分析和解决实际问题的能力；

(3) 在任务的实施过程中，以小组合作的形式，培养学生团队意识和合作精神；

(4) 通过对不同类型城市道路绿地和广场的设计，培养学生的科学精神、人文情怀，以及以人为本的思想。

任务 4-1　城市道路绿带设计

工作任务

【任务描述】

华东地区某城市新城区新修了一条四板五带式道路，道路南侧以居住区为主，北侧除居住区外，还有学校和商业用地。新城区聚焦高新科技产业，有"小硅谷"之称，道路所在区域是展示新城区生态建设、科技创新的重要生活区，设计标段总长 1000m，道路红线宽 50m。其中中央分隔带宽 6m，机动车道两侧各宽 12m，侧分带各宽 2m，非机动车道各宽 3m，行道树绿带各宽 2.5m，平面图及周边环境示意如图 4-1 所示。要求选取标准段 100m，对其进行道路绿带景观设计。要在满足道路绿带功能、安全基本要求的同时，结合道路的区位条件、周边的环境特点进行合理设计，营造富于区域特色的道路绿地景观。

【任务分析】

本任务为四板五带式道路绿地。此种类型有效地分隔了机动车与非机动车行车道，绿量较大，城市生态效益显著且美观，同时道路所在城区是高科技产业的聚集地，有着突出的区域特点，因此，在设计的时候，应在保证交通运输、生态环境、园林景观等的基础上，体现出城市

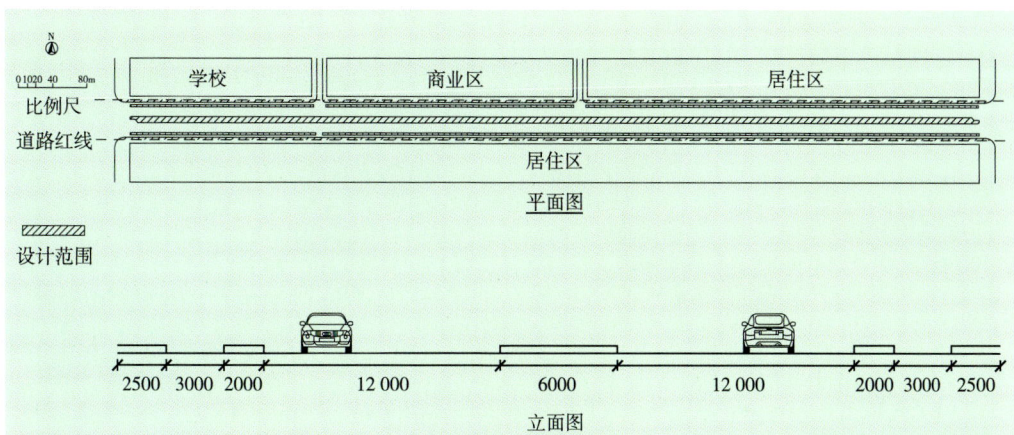

图 4-1　设计现状图

的个性和人文关怀。分车绿带既可以结合道路的城市定位、功能等，建成乔灌木和地被植物合理搭配的绿带，也可建成图案精美、色彩丰富的模纹式绿带；行道树绿带则可充分考虑道路的立地条件，兼顾街景与沿街建筑的需要，合理选择种植形式、树种和种植间距，形成整体上连续、完整和统一的景观界面。

【工具材料】

照相机、测量工具、绘图工具、计算机等。

知识准备

道路是城市空间的重要组成部分。近年来，随着城市化的快速发展，道路建设出现日新月异的变化。道路绿地是城市园林绿地系统的重要组成部分之一，作为城市的绿色基础设施，既有组织道路交通、提供城市避难场所的功能，又具有保护城市生态环境、缓解热岛效应、滞纳雨水的功能。此外，作为城市生活、城市文化的载体，是城市风貌的集中体现。

美好宜居的城市，需要便利齐全的生活设施、方便舒适的公共交通、完善宜人的步行体系以及舒适亲切的城市街道。因此，创造安全舒适、方便友好，具有良好公共空间和景观品质、地域特征和文化底蕴的城市道路绿地景观，是创造美好宜居城市的重要环节。

1. 道路绿地设计基础知识

城市道路绿地设计的相关术语如图 4-2 所示。

①红线

道路红线：指规划的城市道路（含居住区级道路）用地的边界线。

建筑红线：城市道路两侧控制沿街建筑物（如外墙、台阶等）靠临街面的界线，又称建筑控制线。

建筑红线可与道路红线重合，也可退于道路红线之后，但绝不许超越道路红线，在红线内不允许建任何永久性建筑。

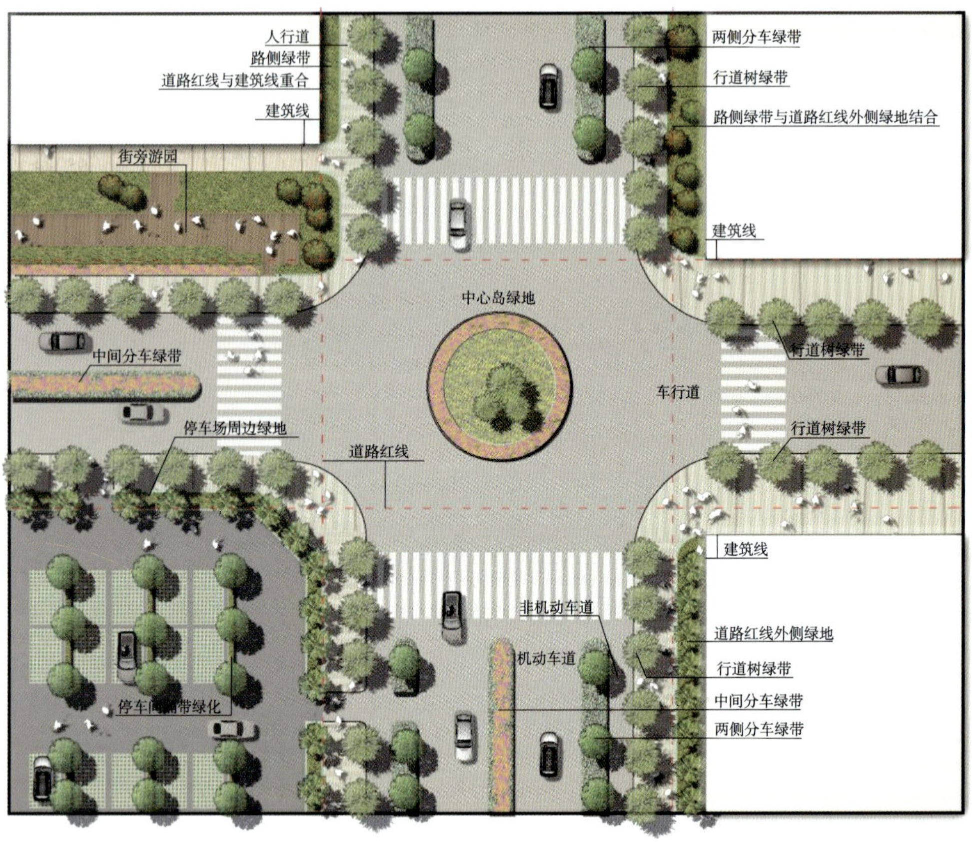

图 4-2　道路绿地名称示意图
[根据《城市道路绿化规划与设计规范》(CJJ 75—1997)改绘]

②道路分级　道路分级的主要依据是道路的位置、作用和性质，是决定道路宽度和线型设计的主要指标。目前我国大城市将城市道路分为四级(快速路、主干路、次干路、支路)，中等城市分为三级(主干路、次干路、支路)，小城市分二级(干路、支路)。

③道路总宽度　也叫路幅宽度，即规划建筑红线之间的宽度，是道路用地范围，包括横断面各组成部分用地。

④道路绿地　道路及广场用地范围内的可进行绿化的用地。道路绿地分为道路绿带、交通岛绿地、广场绿地和停车场绿地。

道路绿带：道路红线范围内的带状绿地。道路绿带分为分车绿带、行道树绿带和路侧绿带。

• 分车绿带：车行道之间可以绿化的分隔带，其位于上下行机动车道之间的为中间分车绿带；位于机动车道与非机动车道之间或同方向机动车道之间的为两侧分车绿带。

• 行道树绿带：布设在人行道与车行道之间，以种植行道树为主的绿带。

• 路侧绿带：在道路侧方，布设在人行道边缘至道路红线之间的绿带。

交通岛绿地：可绿化的交通岛用地。交通岛绿地分为中心岛绿地、导向岛绿地和立体交叉绿岛。

- 中心岛绿地：位于交叉路口上可绿化的中心岛用地；
- 导向岛绿地：位于交叉路口上可绿化的导向岛用地；
- 立体交叉绿岛：互通式立体交叉干道与匝道围合的绿化用地。

广场、停车场绿地：广场、停车场用地范围内的绿化用地。

⑤道路绿地率　道路红线范围内各种绿带宽度之和占总宽度的百分比。

⑥园林景观路　在城市重点路段，强调沿线绿化景观，体现城市风貌、绿化特色的道路。

2. 道路绿带类型

1) 分车绿带

车行道之间可以绿化的分隔带，称为分车绿带(图 4-3)。分车绿带是道路绿地的主要组成部分，主要分为中央分车绿带和两侧分车绿带(也称侧分带)。

分车绿带是有一定绿化宽度的。它可以为行人过街停歇、竖立路灯杆柱、安设交通标志以及公交车辆停靠等提供场地。其绿化宽度根据道路的性质和总宽度而定，没有固定的宽度值。《城市道路绿化规划与设计规范》(CJJ 75—1997) 中规定：种植乔木的分车绿带宽度不得小于 1.5m，乔木树干中心至机动车道路缘石外侧距离不宜小于 0.75m；分车绿带宽度小于 1.5m 的，应以种植灌木为主，并应灌木、地被植物相结合；主干路上的分车绿带宽度不宜小于 2.5m；分车绿带的植物配置应形式简洁，树形整齐，排列一致。

2) 行道树绿带

行道树绿带是指在人行道与车行道之间，以种植行道树为主的绿带(图 4-4)。行道树绿带是道路绿地最基本的组成部分，其常见有两种形式：一种是按一定距离沿车行道成行栽植树木；另一种是行道树下成带状配置灌木、绿篱和地被植物等，形成复层种植绿带。

图 4-3　分车绿带

图 4-4　行道树绿带

3) 路侧绿带

路侧绿带是位于道路侧方，布设在人行道边缘至道路红线之间的绿带。路侧绿带是道路绿地的重要组成部分，其宽度因道路性质不同而异，同时其相邻的用地性质、防护和景观的要求不同，绿地呈现的风貌也是不同的(图 4-5)。

图 4-5　路侧绿带

3. 道路断面布置形式

　　垂直于城市道路中心线的剖面称为道路横断面，它能反映路型。城市道路横断面的布置形式是城市道路设计所采用的主要模式，常用的有一板二带式、二板三带式、三板四带式、四板五带式及其他特殊形式。其中的"板"是指车行道，"带"是指绿化带。

（1）一板二带式

　　一板二带式是指路中央是车行道，在车行道两侧的人行道上种植一行或多行行道树。即一条车行道，两条绿化带（图4-6）。这样的道路，机动车和非机动车混行，相互干扰，行车速度较慢，行人在步行过程中也存在一定的安全隐患。绿地设计的形式比较单调，因此该种道路绿地形式常被用于车辆较少的城市支路或次要道路。

图 4-6　一板二带式道路断面示意图

（2）二板三带式

　　道路中央设置绿化带，道路被分成2块路面，形成了对面相向的车流，其路旁的绿地设计与上述一板二带式相似，即2条车行带，3条绿化带（图4-7）。该种方式解决了相向而行的车辆的相互干扰问题，在一定程度上缓和了机动车行车慢的问题。但是机动车与非机动车仍是在同一车道，依然存在相互影响的问题，因此机动车的行车速度依然受到影响。该种道路绿地形式适用于机动车较多，而非机动车较少的道路。

图 4-7　二板三带式道路断面示意图

（3）三板四带式

通过两条绿化带将道路分成 3 块，中间为机动车行驶道路，两侧为非机动车行驶道路，即 4 条绿化带（2 条是人行道绿化带，2 条是分车绿化带）（图 4-8）。这种形式的绿地能够解决机动车与非机动车相互影响的问题。但是由于相向而行的机动车间没有隔离带，因此相向而行的机动车容易互相干扰，机动车的行车速度受到限制，同时由于夜间行车的灯光刺眼可能会引发交通事故。该种道路绿地形式适用于非机动车辆较多的道路。

图 4-8　三板四带式道路断面示意图

（4）四板五带式

利用 3 条分车绿带将车道分为 4 条，而规划为 5 条绿化带，使机动车与非机动车辆均形成上行、下行，各行其道，互不干扰，保证了行车速度和交通安全（图 4-9）。此种类型的道路有效地分隔了机动车与非机动车行车道，绿量较大，城市生态效益显著且美观。但用地面积较大，建设投资高，道路交叉口的通行能力比较低，因此可用绿地较为紧张的中小城市不宜采用，一般在机动车和非机动车较多的大城市中比较常见。

图 4-9　四板五带式道路断面示意图

（5）其他形式

按道路所处地理位置、环境条件特点，因地制宜地设置道路和绿化带等，从而形成了许多特殊的道路横断面设计形式，如山坡道、滨河林荫路等。究竟以哪种形式为好，必须从实际情况出发，因地制宜，不能片面追求形式。街道上不能种植行道树时，可以采取特殊的绿化形式，如摆设盆栽植物、垂直绿化等。

4. 道路绿带环境条件

道路绿带所处的环境与城市公园及其他公共绿地不同，其环境条件比较特殊及多样化（图 4-10）。

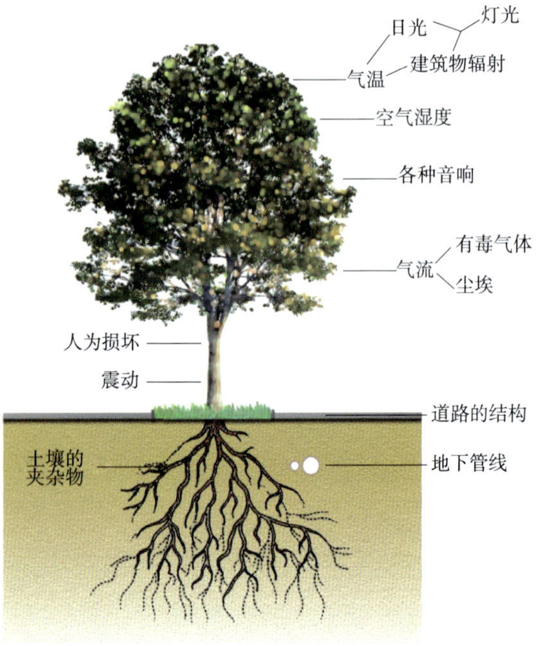

图 4-10　道路绿带的环境条件示意图

1) 土壤条件

城市长期不断地建设，致使土壤非常贫瘠，完全破坏了土壤的自然结构。有的绿带地下是旧建筑的基础、旧路基或废渣土；有的因建筑渣土、工业垃圾或地势过低淹水等造成土壤酸碱度过高，致使植物不能正常生长；有的由于人踩、车压、做路基时人为夯实等，致使土壤板结，透气性差；有的土层太薄，不能满足所种植物生长对土壤的要求；有的城市地下水位高，透水性差，土壤水分过高等，以上情况都会导致植物生长不良。另外，由于各城镇的地理位置不同，土壤情况也有差别，因此需要综合考虑。

2) 空气条件

城市道路附近的工厂、居住区及道路上行驶的车辆排放的有害气体和烟尘，一方面直接危害植物，破坏植物的正常生长发育；另一方面降低了光照强度，减少了光照时间，改变了空气的物理、化学结构，影响了植物的光合作用，降低了植物抵抗病虫害的能力。

3) 人为机械损伤和破坏

道路上车辆和人流众多，可能会在无意间碰坏树皮、折断树枝或摇晃树干，有的还会压断树根，使得道路绿带景观遭到破坏。

4) 地上地下管线

虽然道路上各种植物与管线都有一定距离的限制，但是植物是有生命的个体，会不断地生长，因此需要采取一定的措施，保证植物与地上、地下管线相互不影响。特别是架空线和热力管线，架空线下的树木要经常修剪，一些快长树应尤其注意。热力管线使土壤温度升高，对树木的正常生长有一定影响。

5. 道路绿带设计的基本原则

1）科学性原则

道路绿带设计是一个涉及面广、错综复杂的设计系统，与多门学科交叉并受其影响，如道路工程、桥梁工程、力学、生物学、生态学、环保学、土壤学、植物学、美学等。因此，道路绿带设计应采取科学严谨的态度，在充分研究和了解场地特征的基础上，运用现代科学的方法进行设计。

（1）符合城市道路性质和功能

在进行绿地设计时，不同道路，由于其性质、功能的差异，绿带设计的指导思想有所不同。设计不仅要考虑城市的布局、气候、地质、水文、地形地貌等方面的因素，还要注意不同城市路网、不同道路系统、不同交通环境以及不同地域文化对于道路绿化的要求。

据南京林业大学王浩等的研究，影响道路绿地的环境因子很多，主要有外部因子、自身因子和人文因子（图4-11）。因此，在进行具体的设计时，要根据城市道路性质、功能及定位确定其主要影响因子和一般影响因子，而后有针对性地进行道路绿地设计。

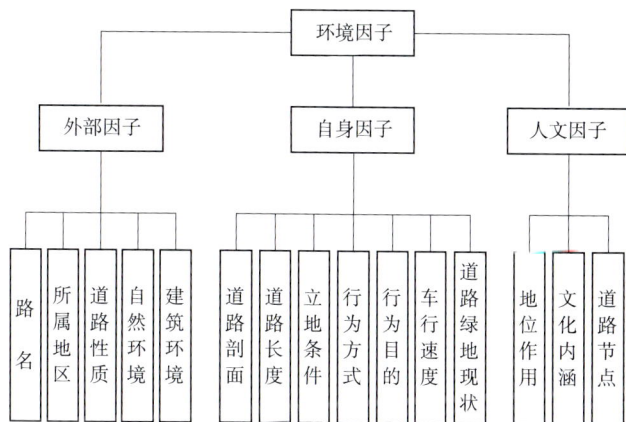

图 4-11　环境因子结构图（王浩等，2003）

（2）符合行车视线、行车净空、行车防眩的要求

道路绿地设计要符合行车视距的要求（表4-1）。同时，还要根据车辆行驶宽度和高度的要求，规定车辆运行的空间，使得绿化植物的枝干、树冠和根系都不能侵入该空间，以保证行车的净空要求（表4-2）。此外，对于夜间行车，要防止来往车辆相向而行所造成的前照灯炫目，避免眩光对驾驶员造成的不良影响。在进行分车带的绿地设计时，要参照汽车司机的眼睛与汽车前照灯高度（表4-3）。

表 4-1　不同城市道路行车视距要求

序号	城市道路类型	行车视距(m)
1	主要的交通干道	75～100
2	次要的交通干道	50～70
3	一般的道路(居住区道路)	25～50
4	小区、街坊道路(小路)	25～30

表 4-2　城市车辆行车的净空高度　　　　　　　　　　　　　　　m

行驶车辆种类	机动车辆			非机动车辆	
	各种汽车	无轨电车	有轨电车	其他非机动车	自行车、行人
最小净高	4.5	5.0	5.5	3.5	2.5

(引自：许冲勇等，2005)

在中央分车带上种植绿篱或灌木球，可防止相向行驶车辆的灯光照到对方驾驶员的眼睛而引起其目眩，从而避免或减少交通意外。如果种植绿篱，参照汽车司机的眼睛与汽车前照灯高度(表 4-3)。绿篱高度应比司机眼睛与车灯高度的平均值高，故一般采用 1.5～2.0m；如果种植灌木球、种植株距应不大于冠幅的 5 倍。

表 4-3　汽车司机眼睛高度、前照灯高度和照射角表

类别	眼睛高度(cm)	前照灯高度(cm)	照射角(°)
轿车	120	80	12
大客车、卡车	200	120	12

(引自：许冲勇等，2005)

（3）在保证植物所需生长空间的基础上， 做到与市政公共设施的统筹安排

植物生长需要有一定的地上、地下生存空间，以保障其正常发育并保持健康树姿和生长周期。而城市道路市政公共设施对植物的种植具有一定的制约作用。架空线下的树木要经常修剪，一些快长树尤其如此。热力管线使土壤温度升高，对树木的正常生长有一定的影响。因此，道路绿带中的植物与市政公用设施的相互位置应按规范统筹考虑、精心安排，布置市政公用设施应给树木留有足够的立地条件和生长空间，新栽树木应避开市政公用设施。此外，道路绿地应根据需要配备灌溉设施；道路绿地的坡向、坡度应符合排水要求并与城市排水系统结合，防止绿地内积水和水土流失。

2) 生态性原则

道路绿地建设是在原有立地条件基础上的一个人工化的工程，在进行道路绿带设计时应发挥道路绿地特有的生态防护功能，因此，在建设时应尽量减少以及避免对原有环境的人为破坏，尽量将本地的生态植物资源充分地利用起来，做到道路建设与生态保护相统一。同时，要适地适树，以利于植物的正常发育，抵御自然灾害，保持较稳定的绿地效果。此外，在植物的选择上，要以抗污染、耐修剪、树冠圆整、树荫浓密为导向，做到乔木、灌木和地被植物的有机结合，以形成人工型的生态植物群落。对于道路绿地范围内的

各种古树名木，应注意保存和保护。

此外，在道路绿带的设计中，可以根据立地条件，将雨水进行有效的收集及回收再利用，采取"海绵"措施，使道路绿地最大化地发挥生态防护功能。

3) 以人为本原则

道路的使用主体是人，所以在进行道路绿地设计时应将行人的需求与意愿体现出来，要符合不同交通形式中行人的视觉需求以及行为规律。如上班、上学的路人，他们使用道路的目的在于通行，最关注的是道路的安全和拥挤度；购物、散步、游览的人则会更注重四周的环境，因他们在道路上停留的时间比较长，所以更期望通过生态化的绿地措施将道路的噪音和尘土降到最低。而步行为主要出行方式的地方（商业街例外），行人期望有优美的道路绿地环境，同时有可驻足停留的绿地景观空间。

此外，除了高速路以外，其他道路绿地在设计时，还应突出便捷、安全的步行网络，并结合适当的指示系统及视觉形象识别系统，使人们能够更好地体验城市生活。

4) 景观性原则

交通目的不同，对景观元素的要求也不相同。道路绿地的设计应与道路中的其他景观元素相协调，符合美学的要求。道路绿地设计可以根据美学要求，把不同形状、质感及大小的植物进行合理配置，体现出植物个体及群体的形式美，体现道路绿带景观的协调性、流动感、韵律感以及色彩感，产生意境美。

如道路两侧为商业性质的建筑，其绿化要兼顾商业气氛及人文需求；如果道路紧邻城市自然景色（山峰、湖泊等）或历史文物（古建筑、古桥梁、古塔等），应把道路与环境作为一个景观整体加以考虑，并做出一体化的设计，创造有特色、有时代感的城市环境。

此外，道路景观设计应做到统一性和个性化的完美结合。首先，绿地景观同其他元素应该和谐统一；其次，在同一道路绿地上，其绿地景观应该具备统一性。个性化是指城市道路应该体现本城市的特色，以及道路本身应具有不同于其他道路的特色，实现一路一景。

6. 城市道路绿带设计内容

1) 道路绿带的植物景观设计

（1）设计指导思想

①因地制宜，适地适树　道路绿地设计的首要任务是让道路"绿"起来，这就要求道路绿带设计应遵循植物的生长发育规律，保证植物能正常生长。不同城市所处的地理位置不同，其区域性气候、土壤及水文条件有差异；同一城市不同道路、不同路段，影响植物生长发育的环境因子（光、温度、水、气、热等）也有差异。同时，植物在对环境条件的长期生态适应、变异和选择过程中，也有选择性和适应性，形成植物的区域分布特点。因此进行道路绿带设计时，应选择能在该道路特定环境条件下生长的植物进行绿化，或者改良道路的某些环境条件来适应植物生长的需求，使植物能正常生长发育，达

到绿化的效果。

随着经济的发展，大气污染变得越来越严重，因此在污染严重的地区应该选择对酸、碱、旱、涝以及砂质土壤、硬质土壤、病虫害等不利因素适应性强的植物品种，而乡土植物是长期生活在当地的植物种群和植物群落，它们已经适应了当地的环境，生长状况与外来树种相比也较为良好，因此在进行植物配置时考虑将乡土树种作为主要树种，外来引进树种作为辅助树种。

②与道路功能要求相适应　道路绿带具有引导使用者视线、缓解疲劳以及形成良好的观赏景观等功能，因此植物种植是为实现城市道路的多种功能服务的，在道路绿地实施植物种植多样性时要服从和适应城市道路类型。

③选择抗性强的树种　因为道路环境具有沙尘多、汽车尾气污染严重、噪声大等特征，因此在对道路绿带植物进行选择时应该选择抗性强的植物，所谓抗性强的植物是指对城市的工业设施、汽车尾气，酸、碱、旱、涝、砂质及硬质土壤、恶劣气候、病虫害等不利因素适应性强的植物品种。

④环保原则　飞絮和落果是树木产生的主要污染物，飞絮会使某些行人，产生过敏症状，污染环境；落果会砸到路上的行人，并且落到地面上会对地面造成污染，因此需要选择无飞絮、无异味、无污染的树种。

⑤地带性植物与引进植物相结合　一般说来，地带性植物生长在本地，经过长期的自然选择，对当地自然环境条件的适应能力强，易于成活，生长良好，种源多，繁殖快，就地取材既能节省绿化经费、易于见效，又能反映地方风格特色，是首选的植物。然而，植物选择若仅局限于地带性植物种类，就难免有单调之感。为了适应城乡道路所处的复杂生态环境和满足各种功能要求，丰富道路绿化景观、增加物种的多样性，还应适当引进外来的优良植物种类，作为地带性植物的辅助和补充。所以，植物选择应遵循地带性植物与引进植物相结合的原则。

⑥近期效果和长期效果相结合　植物有其特有的生长发育规律。既有一年中的萌芽、发枝、开花、结果等年周期变化，又有一生中的幼年期、壮年期、老年期，最后到死亡等生命周期变化。不同植物在生命周期的不同阶段其外貌有一定差异，所形成的景观及发挥的效益也不同。因此，道路绿地规划设计要有长远观点，栽植树木要将近期效果与远期效果结合起来，有计划、有组织地周全安排，使其既能尽快发挥功能作用，又能在树木生长壮年保持较好的形态。

另外，植物的生长速度还有快慢之别。速生树种营造的景观见效早，但衰老也快；慢生树种生长慢但寿命长，能保持长久的景观效果。花灌木、花卉及草坪在道路绿化中形成视觉效果较快，行道树及垂直绿化的藤本要达到成荫及片绿的效果则较慢，绿化时可采用速生树种与慢生树种相结合的方式，或者速生树种中间种植大规格树种的方式，使得绿化效果近远期真正结合起来。

⑦彩色化　现代城市发展，绿色给人们的单调感觉已经不适应多彩时代的要求。植物富有季相色彩，彩色树种春季有新生的叶片、夏季有绚丽的花朵、秋季有丰硕的果实、冬季有斑斓的彩枝。巧妙利用植物的这一特点，可以创造四季都有景可观的效果。

⑧生态效益与经济效益相结合　植物发挥生态作用的能力是选择植物的重要标准，同

时植物本身也有较高的经济价值。因此在选择上，若植物能提供优良用材、果实、油料、药材、香料等副产品，则可一举多得。然而在选用这种植物时，必须兼顾养护管理及安全等因素，避免盲目性。

（2）植物选择

①乔木树种选择　应根据道路的主要功能、性质以及植物在道路中的主要作用进行选择。对遮阴要求高的人行道，应选冠大荫浓的树种；对强调当地文化特点的道路可选市树、具有文化寓意的树种；对遮阴要求不高而强调整齐、庄重气氛的道路，可选松柏类、棕榈类植物等。

此外，乔木的选择还要兼顾以下几点：

- 能适宜当地生长环境，移植时成活率高，生长迅速而健壮，最好是乡土树种；
- 能适应管理粗放，对土壤、水分、肥料要求不高，耐修剪、病虫害少、抗性强；
- 树干端直、树形端正、树冠优美、冠大荫浓、遮阴效果好；
- 发叶早，落叶迟；
- 深根性、无刺、花果无毒、无臭味、无飞毛、少根蘖；
- 适应城市生态环境、树龄长、病虫害少、对烟尘及风害等抗性强。

②小乔木树种选择

- 种植在路侧的，应考虑选取无细长枝条或是向外延伸稀疏枝条，树形整齐，无刺或者少刺的植物种类，以免对车辆以及行人的通行造成影响；分车绿带窄的应选择向上直立生长的品种；
- 有较好的观赏特性，如树形、枝干、叶片、花或果具观赏特性；
- 抗性强、生长健壮、病虫害少；
- 开花类小乔木，应该选择先花后叶，花期长的品种。

③花灌木选择　应选择花期长、花繁叶茂、生长健壮、易于管理的树种。因花灌木的种类很多，所以选择的灵活性较强。

- 耐修剪、再生能力比较强，以便对植物的高度及树形进行控制；
- 生长健壮，可以抗尘埃以及路面的辐射热；
- 枝、叶、花无毒，同时没有刺激性气味；
- 有较好的观赏特性，选择观花或观果类植物；
- 病虫害少，管理粗放。

④垂直绿化植物选择　攀缘植物一般用于垂直绿化，植物应具备浅根、耐瘠、耐旱、耐寒等特性，同时要考虑攀缘能力的强弱、观赏特性的不同，以及植物材料的形态、色彩、质感与周围环境的协调性。

⑤地被植物选择

- 植株低矮、覆盖面积大、具蔓生性、茎叶密生；
- 生长速度快，繁殖能力强，可以在短时间内将地面覆盖，同时可以长时间(5～10年)内有优良效果；
- 管理粗放，有较强的抗杂草能力，较耐践踏，病虫害少，全年都有比较好的观赏性。

⑥草坪选择

● 匍匐植株，丛生状，生长低矮，与地面覆盖紧密，平整美观；

● 叶片细且柔软，有一定的弹性，绿期较长；

● 有较强的适应能力，抗旱、抗病虫害能力强，耐修剪；

● 有较强的繁殖能力和再生性，具有高覆盖率。

（3）设计要点

①分车绿带设计要点　城市慢速路分车带可以种植常绿乔木或落叶乔木，并配以花灌木、绿篱等；但在快速干道分车带及机动车分车带不宜种植乔木，因为车速快时，中间若有成行的乔木出现，树干就像电线杆一样映入司机视野，使司机产生目眩，容易发生事故；一般干道的分车绿带上可以种植高度70cm以下的灌木、花卉、草坪等。

中央分车绿带：中央分车绿带是否种植乔木，要视其宽度而定。宽度够宽，能满足行车安全距离又不会因为阳光照射形成的树影而造成对司机视线的影响时，应该种植乔木；如宽度较窄，则需采用绿篱式栽植或种植灌木球，以有效阻挡相向行驶车辆的眩光，改善行车视野环境。在距相邻机动车道路面高度0.6~1.5m的范围内，植物应常年枝叶茂密，株距不得大于冠幅的5倍。

两侧分车绿带：两侧分车绿带不仅可以过滤烟尘、减弱噪声，而且对非机动车和行人有庇护作用。两侧分车带宽度大于1.5m时，应以种植乔木为主，并宜乔木、灌木、地被植物或草坪相结合。其两侧乔木树冠不宜在机动车道上方搭接，避免形成顶部闭合空间，不利于汽车尾气及时向上扩散。两侧分车绿带宽度小于1.5m时，只能种植灌木、地被植物或草坪。

分车绿带与人行横道的关系：被人行横道或道路出入口断开的分车绿带，其端部应采取通透式配置，通常种植草坪或低矮灌木，使得穿越道路的行人或并入行驶的车辆容易看过往车辆和行人，利于交通安全。为了便于行人过街，分车带应适当分段，一般以75~100m为宜，尽可能与人行横道、停车场、大型商业和人流集散比较集中的建筑出入口结合。

②行道树绿带设计要点　在温带及暖温带北部，为了夏季遮阴、冬季道路日照良好，常常选择落叶树作为行道树；在暖温带南部和亚热带则常常种植常绿树以起到较好的遮阴作用。

行道树种植和养护管理所需用地的最小宽度为1.5m，因此行道树绿带宽度不得小于1.5m，行道树树干中心至路缘石外侧最小距离为0.75m。行道树绿带宽度较大时，应以乔木、灌木、地被植物或草坪相结合，形成连续的绿带，提高防护功能，加强景观效果。

在道路交叉口视距三角形范围内，行道树绿带应采用通透式配置，在弯道上或者道路交叉口，行道树绿带种植的树木，在距相邻机动车道路面高度0.9~3m范围内，其树冠不得进入视距三角形范围内，以免影响行车视距和交通安全。

行道树种植方式：

● 树池式：在人行道狭窄或行人过多的街道多采用树池种植行道树。方形和长方形树池较易与道路及建筑物取得协调，故应用较多；圆形树池则常用于道路圆弧转弯处。树池边长或直径应不小于1.5m，长方形树池短边不小于1.5m。

树池之间的行道树绿带最好采用透气性路面铺装，如草坪砖或透水性路面铺地等，以利于渗水透气，保证行道树生长和行人行走。为防止行人踩踏池土，保证行道树的正常生长，一般把树池边做出高于人行道路面 8~10cm，或者与人行道高度持平，上盖树池箅子或透水性树脂材料，或植以地被草坪并将石子散置其中，以增加透气效果。其中，树池箅子也属于人行道路面铺装材料的一部分，可以增加人行道的有效宽度，减少裸露土壤，美化街景。

树池式栽植，因其营养面积有限，影响树木生长，同时因增加铺装而提高了造价，利用效率不高，而且要经常翻松土壤，增加管理费用，故在可能条件下应尽量采取种植带式。

●种植带式：种植带是在人行道和车行道之间留出一条不加铺装的种植带。视其宽度种植乔木、灌木、地被植物、草坪等。我国常见种植带宽度的最低限度为 1.5m，除种植一行乔木用来遮阴外，在行道树之间还可以种植花灌木和地被植物，以及在乔木与铺装带之间种植绿篱来增强防护效果。宽度为 2.5m 的种植带可种植一行乔木，并在靠近车行道一侧再种植一行绿篱；5m 宽的种植带则可交错种植两行乔木，靠近车行道一侧以防护为主，靠近人行道一侧以观赏为主，中间空地可栽植花灌木、花卉及其他地被植物、草坪。

应在种植带的适当距离和位置留出铺装通道，便于行人来往。如有公交车停靠站，则要留出一定的距离和铺装，便于车辆停靠和行人候车。另外在人行横道处或人流比较集中的公共建筑前面，种植带应通透或中断。

行道树的选择、株距及定干高度：

●行道树的选择：一般道路的行道树选择，可参见分车绿带中的乔木选择要求；重点路段如城市历史古建筑区或商业区等，需结合文化特色及环境氛围，在满足基本要求的基础上，依据植物所展示的文化内涵及意境进行筛选。我国许多城市都以本市的市树作为重点地段的行道树，既发挥了乡土树种的作用，又突出了城市特色。同时每个城市中根据城市的主要功能、周围环境、行人行车的要求采用不同的行道树，可以将道路区分开来，形成各道路的植物特色，给行人留下较深的印象。

●定植株距：正确确定行道树的株距，有利于充分发挥行道树的作用，合理使用及管理苗木。一般来说，株行距要根据树冠大小来决定。但实际情况比较复杂，影响因素也较多，如苗木规格、生长速度、立地条件及交通、市容需要等。应根据行道树树种壮年期冠幅确定株距，最小种植株距应为 3m。现在道路绿地中趋向于使用大规格苗木和大距离株距，一般 3~10m 不等（表 4-4）。

●定干高度：行道树定干高度应根据功能要求、交通状况、道路性质、宽度以及行道树与车行道的距离、树木分级等确定。苗木胸径往 12~15m 为宜，其分枝角度较大的，定

表 4-4　行道树的株距

树种类型	通常采用的株距（m）			
	准备间移		不准备间移	
	市区	郊区	市区	郊区
快长树（冠幅 15m 以下）	3~4	2~3	4~6	4~8
中慢长树（冠幅 15~20m）	3~5	3~5	5~10	4~10
慢长树	2.5~3.5	2~3	5~7	3~7
窄冠树	—	—	3~5	3~4

干高度不得小于 3.5m；分枝角度较小的，也不能小于 2m，否则会影响交通。

在交通干道上栽植的行道树要考虑车辆通行时的净空高度要求，为公共交通创造靠边停驶接送乘客的空间，行道树的定干高度不宜低于 3.5m，通行双层大巴的道路行道树定干高度还应相应提高，否则会影响车辆通行，降低道路的有效宽度。非机动车和人行道之间的行道树考虑到行人来往通行的需要，定干高度不宜低于 2.5m。

③路侧绿带设计要点　路侧绿带的种植设计由绿带的宽度决定。在地上、地下管线影响不大时，宽度在 2.5m 以上的绿化带，可种植一行乔木和一行灌木；宽度大于 6m 时，可考虑种植两行乔木，或将大乔木、小乔木、灌木、地被植物等以复式种植；路侧绿带宽度大于 8m 时，可设计成开放式绿地，也称作花园林荫道绿地（详见任务 5-2）。

2）道路绿带的文化景观设计

城市道路绿带不仅包含植物景观的设计，还包含了文化景观设计。文化景观在城市道路绿带设计中的应用，主要表现在将不同的人文、艺术等元素与道路这一载体相融合。具体方法是在进行道路绿带景观设计和营建的过程中，深入挖掘城市的文化内涵，利用多种艺术手段，将其转化为可以融入道路景观中的文化要素，为人们展示多元化的地域文化，塑造独特形象，提升居民精神归属感和对城市环境的认同感。这种道路绿带景观设计的方法，可以使城市文化意象得以有效延续，更好地呈现出城市的文化脉络。

如可以从不同形式的历史古迹中提取文化元素来彰显道路的文化气息，使用建筑小品等来表达道路的文化个性（图 4-12），也可以考虑恢复旧街名、旧路名或有历史典故的一些名称来命名道路，增加人们对道路空间的亲切感，保留人们对城市地域文化的记忆与传承。如在道路公共设施等的设计与布局中，可以将垃圾桶、座椅、报亭、宣传栏、标示牌、景观亭等公共设施，按照人性化的设计原则，把能够体现地域情感的元素与公共设施设计相融合，创造地域感浓厚的情境空间，让居民可以感受到城市的地域文化气息，促进城市特有的文化表达（图 4-13）。同时，还可以结合节事，在道的重要地段布置立体花坛或花境等，来表达节事的气氛（图 4-14）。此外，道路绿地还可通过选用地带性植物，表现一定区域的文化特征，并运用比拟的手法创造植物景观，借此表达特定的设计思想，隐喻一定的文化内涵。如北京雁栖湖生态发展示范区范崎路迎宾大道，汲取中国传统园林造园手法，塑造了"松云邀月""翠荫掩黛"和"五峰秋韵"景点（图 4-15）。

图 4-12　道路中央分隔带中富有地域文化
　　　　　符号的园林小品

图 4-13　道路边侧绿带植物立体文化墙

图 4-14 靠近道路交叉口边侧绿带的
植物文化主题花境

图 4-15 范崎路迎宾大道"五峰秋韵"

无论是现代化的景观元素，还是历史性的人文元素，或是生态性的自然元素，都既能使人们从艺术设计中体会到文化的内涵，又在无形中给道路景观增加了个性和特色。

3) 道路绿带的生态景观设计

道路绿带的生态景观设计，就是最大限度地减少道路设计对生态环境不利影响的景观设计方式。其特征表现为：生态系统稳定性、环境影响最小性、建造材料循环性和管理投入经济性。

（1）生态系统稳定性

主要表现在：①植物配置以乡土树种为主，综合考虑外来树种在当地土壤条件、气候环境、地形地貌下的适应性，做到因地制宜，适地适树，以保证与自然环境基底的互动关系；②可以适当进行微地形改造，结合海绵城市理念，设置下沉绿地、生态植草沟（图 4-16）等滞留设施，采用透水性良好的铺装，设置生态树池，可减少雨天地表径流，方便雨水下渗与储蓄，提高雨水的利用率；③保证物种的多样性选择，促进植物群落多样性发展，维持生态系统的稳定性；④考虑不同植物的生态功能，可选择节水耐旱型植物，均衡配置，达到调节局地气候、涵养水源、净化水体、防风固沙、缓解地下水位下降、保护环境的效果。

（2）环境影响的最小性

主要表现在，道路绿带的设计既应适应地域环境长期积淀而形成的组织规律，又要满足城市功能的各种需求，要关注如何降低道路对周边环境的影响及其控制技术。如在具体的设计中，以地形地貌、气候环境等自然环境为布景基础条件，自发地与原有环境形成协调关系；对道路雨水、污染物质进行管理和控制，对交通干扰和噪声进行控制等。

图 4-16 道路绿带的植草沟设计

（3）建造材料的循环性

主要表现在在道路绿带的景观建筑小品建设中，使用绿色可再生材料、环保节能材料，建造绿色建筑，做可持续发展的设计。

（4）管理投入的经济性

主要表现在尽量使用粗放型管理的植物材料，以减少修剪、灌溉等养护措施的投入。

任务实施

1. 案例调查与研究

以分组的形式（表 4-5），选择所在城市的一个相似案例，通过查阅文献、网络的方法，了解案例所在区域的社会环境、人文环境、道路周围环境，以及道路绿带的设计思想。然后携带简单的测量、制图工具对选择案例进行场地勘察，通过实地调查获得道路绿带的资料，经过分析深入理解道路绿带设计的具体内容。

表 4-5　分工情况

小组名称		工作任务	城市道路绿带设计	组长	
调研任务分工		成员	任务		

要求在研习案例的基础上，每组完成一份案例分析报告，并以 PPT 等形式进行汇报，然后对其进行评价（表 4-6）。

表 4-6　×××道路绿带景观设计案例分析评价表

小组名称		总分	
1. 条件分析与案例选择（每项 5 分，共 15 分）			评分
基地条件分析合理			
条件问题指向明确			
案例选取得当			
2. 案例资料收集（每项 5 分，共 10 分）			评分
项目背景及其环境（业主）条件有所交代			
实景图像与必要的图纸资料清晰可读			

（续）

3. 案例分析与总结（每项 10 分，共 50 分）	评分
能找到符合要求的案例	
对所用案例进行简明全面的介绍	
对案例的相关条件进行充分分析，提出自己的评价和理解	
对案例说明问题作出有序总结	
能提出有利于下一步方案设计的启发性要点	
4. 图面表达与编排（每项 5 分，共 15 分）	评分
分析图表达清晰，可读性强	
PPT 内容前后条理性强	
画面构图均衡，文字编排适宜	
5. 现场汇报与互动（每项 5 分，共 10 分）	评分
内容组织连贯，讲述条理性强	
口头表达能力强，与听众有良好的沟通和互动	

2. 设计构思

根据任务描述和任务分析，完成道路绿带设计的整体立意构思，确定绿地的风格形式和内容。

3. 设计方案

在适地适树的原则下，选取具有地域特点，且能够反映区域文化的植物品种，围绕设计主题立意，采用一定风格的设计形式，进行组合搭配。同时，结合场地的服务设施需求及区域文化进行园林小品的设计。

4. 图纸绘制

按照设计要求，最终完成设计图样，包括平面图、立面图、效果图、植物名录表和设计说明书等。设计可以手绘或者计算机绘图。图纸要求为 A3。

①平面图　要求能够准确地表达设计思想，以及绿带的植物配置形式、景观小品的位置等内容，图面整洁，图例使用规范。

②立面图　要求能够准确地表达道路的立面形象、绿地的竖向关系，图面整洁，图例使用规范。

③效果图　选取合适的角度，进行效果图表达，展示道路绿带的整体形态。

④植物名录表　按照植物分类，对设计中运用的植物进行名录汇总，包含植物图例、规格、数量。也可在平面图上直接标注。

⑤设计说明　200～300 字说明一份，主要阐明设计思路、设计主题和设计细节。

每人提交一套完整的设计方案，按照课程设计图纸评分标准给出最终成绩。

🍃 考核评价

姓名		工作任务		×××道路绿带景观设计							
序号	考核项目	考核内容	等级				分值					
			A	B	C	D	A	B	C	D		
1	态度	态度认真，积极主动，操作仔细，记录认真	好	较好	一般	较差	10	8	6	4		
2	设计内容	设计科学合理，符合绿地设计的基本原则，具有可达性、功能性、亲和性、系统性和艺术性	好	较好	一般	较差	20	16	12	8		
3	综合应用能力	结合环境综合考虑，满足功能和安全需求，充分考虑植物的生态习性和对种植环境的要求，通过植物配置创造四季景观，同时结合区域文化构筑具有一定标识性的绿地景观空间	好	较好	一般	较差	30	25	15	10		
4	设计成果	设计图纸规范，内容完整、真实，具有很强的可行性，独立按时完成	好	较好	一般	较差	25	20	15	8		
5	能力创新	表现突出，内容完整，立意创新	好	较好	一般	较差	15	10	8	4		
		合计得分										

任务 4-2　交通岛绿地设计

工作任务

【任务描述】

华东地区某城市新城区奥体板块正在进行建设。其中，团结路与奥体路交叉处为一圆形交通岛绿地，直径40m。交通岛四周绿地现状为空地，规划未来为商务用地，平面图及周边环境示意如图4-17所示，现对其进行景观设计。设计要在满足道路交通岛绿地功能、安全基本要求的同时，结合交通岛的区位条件、周边的环境特点进行合理设计，设计要考虑周边绿地环境的近远期建设需求，营造具有标识性意义的道路绿地景观。

【任务分析】

本任务为交通岛绿地形式中的交通中心岛设计。交通中心岛主要是引导行车方向，引导驾驶员的行车视线，以保证车辆的行驶安全。此种类型的绿地，景观多以植物造景为主，其他设计元素为辅。具体设计时需结合道路的城市定位以及周边的用地性质与环境特点，以交通安全性为出发点，充分考虑道路的立地条件，结合区域的文化特征构筑主题，从而建设一个具有标识意义的绿地景观空间。

【工具材料】

照相机、测量工具、绘图工具、计算机等。

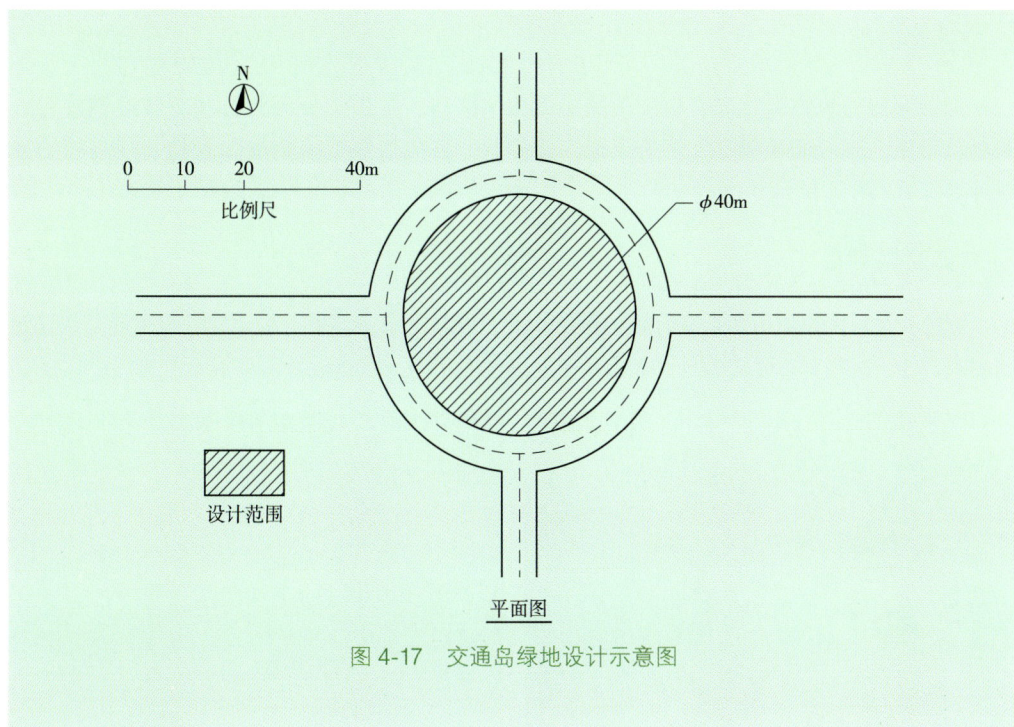

图 4-17　交通岛绿地设计示意图

📋 知识准备

1. 概念及类型

　　交通岛是指为便于管理交通而设于路面上的一种岛状设施。一般用混凝土或砖石围砌，高出路面 10cm 以上。常见的交通岛可分为 3 种形式：交通中心岛、交通导向岛、立体交叉绿岛。

　　交通中心岛应保持各路口之间的行车视线通透，布置成装饰绿地；交通导向岛绿地应配置地被植物；立体交叉绿岛应点缀树丛和花灌木，以形成疏朗开阔的绿化效果，桥下宜种植耐阴地被植物，墙面宜进行垂直绿化。

1) 交通中心岛

　　交通中心岛一般为圆形，也可以称为转盘，设在道路交叉口处，主要是组织环形交通，使驶入交叉口的车辆可以绕岛做逆时针单向行驶。交通中心岛的直径必须保证车辆能按一定速度以交织方式行驶。由于受到环道上交通能力的限制，交通中心岛多设在车辆流量大的主干道或具有大量非机动车、行人的交叉口（图 4-18）。

图 4-18　交通中心岛

2) 交通导向岛

交通导向岛也称渠化岛，位于道路平面交叉路口，是用于分流直行和右转车辆及行人的岛状设施，一般面积较小，多为类似三角形状。导向岛绿地多为灌木片植、地被植物或草坪等形式(图 4-19)。

3) 立体交叉绿岛

立体交叉可能是城市两条高等级的道路相交，或高等级跨越低等级道路，也可能是快速道路的入口处，这些交叉形式不同，交通量和地形也不相同，绿化设计需要灵活处理(图 4-20)。

图 4-19　交通导向岛

图 4-20　立体交叉绿岛

2. 设计要点

1) 交通中心岛

交通中心岛的占地面积不一，目前我国大中城市所采用的圆形交通中心岛直径一般为40~60m，一般城镇的交通岛直径也不能小于20m。交通中心岛因位置适中，人流、车流量大，是城市道路的主要景点，可在其中设置市标、雕塑、组合灯柱、立体花坛等成为构图中心，但其体量、高度等不能遮挡视线。圆形绿地则通常以模纹花带为主，模纹花带往往是某种具有文化寓意的图案。交通中心岛绿地也可以进行花灌木的组合栽植，若交通中心岛面积很大，也可布置成游园形式，但必须修建过街通道与道路连接，保证车行与游人安全。

例如，在卫辉市镇国塔交通岛绿地设计中，以明代古建镇国塔为核心，通过植物景观营造，完善配套设施，建设成为体现卫辉古韵，由京港澳高速进入卫辉的标志性路口。景观营造体现"苍松迎宾"的设计意图，以造型油松为主，烘托出镇国塔的古朴典雅；周边搭配月季花球和地被草花，视线通透，满足交通安全的同时打造出"路畅、景美、人和"的通行环境，实现城区交通景观与实用性的融合(图 4-21、图 4-22)。

2) 交通导向岛

交通导向岛多数位于道路交叉口，设计多以植物景观为主，植物景观应当控制高度，不得超过轿车驾驶员的视高，控制在 0.65 以内。可布置低矮的灌木花丛或者花境，也可点缀较矮的景观小品，创造特色景观效果。

图 4-21 交通岛设计平面图

图 4-22 交通岛设计局部效果图

3) 立体交叉绿岛

立体交叉绿岛即主次干道及匝道之间形成的绿地。它主要分为立体交叉处绿地和立交中的绿地。立体交叉处绿地是立体交叉路面上升或下降不同高度的环道两侧所形成的空间；立交中的绿地是立体交叉中相对大片的绿化地段。

(1) 立体交叉处绿地

立体交叉处绿地布置要服从该处的交通功能，使司机有足够的安全视距。例如，出入口可以有作为指示标志的种植，使司机看清入口；在弯道外侧，最好种植成行的乔木，以便诱导司机的行车方向，同时使司机有一种安全的感觉。但在匝道和主次干道汇合的顺行交叉处，不宜种植遮挡视线的树种(图 4-23)。

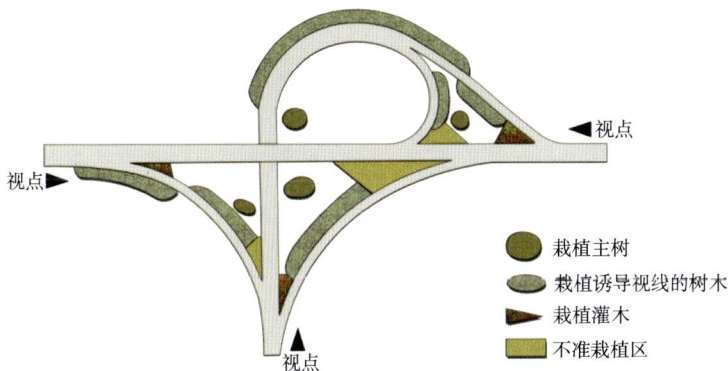

图 4-23 立体交叉处绿地示意图

(2) 立交中的绿地

立交中的绿地最容易成为人们视觉上的焦点，其绿化形式主要有 3 种：第一种是大型的模纹图案，花灌木根据不同的线条造型种植，形成大气简洁的植物景观。第二种是苗圃景观模式，人工植物群落按乔灌草的种植形式种植，密度相对较高，在发挥其生态和景观功能的同时，还兼顾经济功能，为城市绿化发展所需的苗木提供了有力保障，适用于城乡接合部或景观要求较低的地方。第三种是景观生态型模式，根据现场条件堆坡理水，运用丰富的景观营造手段，适当的水体，丰富的植物群落，多品种、多规格的乔木混交群落，特色小品创造丰富的生态景观。此种多在景观要求较高的主要快速干道中使用。

立体交叉绿岛应根据立交所在的位置、环境、自然景观、功能及其结构造型的不同，采用不同的设计形式和配置方式，合理布局，使绿化效果各具特色，并能让立交增辉。立体交叉绿岛既要强调平面完整有序，又要力求立面层次丰富，但要注意的是植被的布置决不能影响行车的通视条件。例如，在匝道和主次干道汇合的顺行交叉处，不宜种植遮挡视线的树种；植被的图案和色彩不宜过分丰富，以免使司机"驻足"观赏，分散其注意力而影响行车安全。独特的植被色彩和图案仅作为点缀，以达到醒目的目的。植被应易栽、易活、易养、易管，耐寒、耐热，固土保水。

🍃 任务实施

1. 案例调查与研究

以分组的形式(表4-7)，选择所在城市的一个相似案例，通过文献、网络查阅的方法，了解案例所在区域的社会环境、人文环境、道路周围环境，以及道路绿带的设计思想。然后携带简单的测量、制图工具对选择案例进行场地勘察，通过实地调查获得道路交通岛绿地的资料，经过分析深入理解道路交通岛设计的具体内容。

表 4-7　分工情况

小组名称		工作任务	交通岛绿地设计	组长	
调研任务分工		成员		分工	

要求在研习案例的基础上，每组完成一份案例分析报告，并以PPT等形式进行汇报，然后对其进行评价(表4-8)。

表 4-8　×××道路交通岛景观设计案例分析评价表

小组名称		总分	
1. 条件分析与案例选择(每项5分，共15分)			评分
基地条件分析合理			
条件问题指向明确			
案例选取得当			
2. 案例资料收集(每项5分，共10分)			评分

（续）

项目背景及其环境(业主)条件有所交代	
实景图像与必要的图纸资料清晰可读	
3. 案例分析与总结(每项 10 分，共 50 分)	评分
能找到符合要求的案例	
对所用案例进行简明全面的介绍	
对案例的相关条件进行充分分析，提出自己的评价和理解	
对案例说明问题作出有序总结	
能提出有利于下一步方案设计的启发性要点	
4. 图面表达与编排(每项 5 分，共 15 分)	评分
分析图表达清晰，可读性强	
PPT 内容前后条理性强	
画面构图均衡，文字编排适宜	
5. 现场汇报与互动(每项 5 分，共 10 分)	评分
内容组织连贯，讲述条理性强	
口头表达能力强，与听众有良好的沟通和互动	

2. 设计构思

　　根据任务描述和任务分析，结合道路周边环境和文化特点，完成 2 个不同特点的道路交通中心岛的整体立意构思，并分别确定绿地的风格形式和内容。

3. 设计方案

　　在适地适树的原则下，选取具有地域特点，且能够反映区域文化的植物种类，围绕设计主题立意，采用一定风格的设计形式，进行组合搭配。同时，结合场地的环境特点，进行园林小品的设计。园林小品可提取周边的文化元素符号，结合主题立意进行构思创意。

4. 图纸绘制

　　按照设计要求，最终完成设计图样，包括平面图、立面图、整体效果图、植物名录表和设计说明书等。设计可以手绘或者计算机绘图。图纸要求为 A3。

　　①平面图　要求能够准确地表达设计思想，以及绿带的植物配置形式、景观小品的位置等内容，图面整洁，图例使用规范。

　　②立面图　选取某个方向，进行立面效果的表达，展示景观的立面形象。

　　③整体效果图　选取合适的角度，进行效果图表达，展示道路交通中心岛的整体形态。

④植物名录表　按照植物分类，对设计中运用的植物进行名录汇总，包含植物图例、规格、数量。如果品种涉及较少，可以将植物的品种标注于平面图上。

⑤设计说明　200~300字说明一份，主要阐明设计思路、设计主题和设计细节。

每人提交一套完整的设计方案，按照课程设计图纸评分标准给出最终成绩。

考核评价

姓名		工作任务	×××交通中心岛景观设计							
序号	考核项目	考核内容	等级				分值			
			A	B	C	D	A	B	C	D
1	态度	态度认真，积极主动，操作仔细，记录认真	好	较好	一般	较差	10	8	6	4
2	设计内容	设计科学合理，符合绿地设计的基本原则，具有可达性、功能性、亲和性、系统性和艺术性	好	较好	一般	较差	20	16	12	8
3	综合应用能力	结合环境综合考虑，满足功能和安全需求，充分考虑植物的生态习性和对种植环境的要求，通过植物配置创造四季景观，同时结合区域文化构筑具有一定标识性的绿地景观空间	好	较好	一般	较差	30	25	15	10
4	设计成果	设计图纸规范，内容完整、真实，具有很强的可行性，独立按时完成	好	较好	一般	较差	25	20	15	8
5	能力创新	表现突出，内容完整，立意创新	好	较好	一般	较差	15	10	8	4
合计得分										

任务 4-3　城市广场设计

工作任务

【任务描述】

基地位于某城市文化中心，地理位置十分显著。总面积约2.6hm²，东、南面紧邻城市道路，东部道路一侧为展览馆、科技中心，南部道路一侧为居住区，北部为少年儿童图书馆，西部为学校，基地地势平坦，西部有香樟等古树(图4-24)。

要求通过规划设计，为广大市民提供一个集休闲、娱乐、运动、观演、交流于一体的综合性市民广场。

【任务分析】

本任务侧重于城市广场的绿地设计，此种类型的广场绿地多数形状较为规则，具有一定的宽度与长度，因此对于绿地景观设计宽容度较高。同时广场还承担起供游人穿行、休憩的功能，因此该案例的设计除了需要具备视觉上的景观美感，还需要能体现通行、游憩的作用。具体设计时需要结合周边环境条件，根据城市干道位置、展览馆和图书馆位置、居住区位置等条件来考虑出入口设置、噪声隔离、景观轴线方向等问题，从而建设一个多功能的城市广场景观空间。

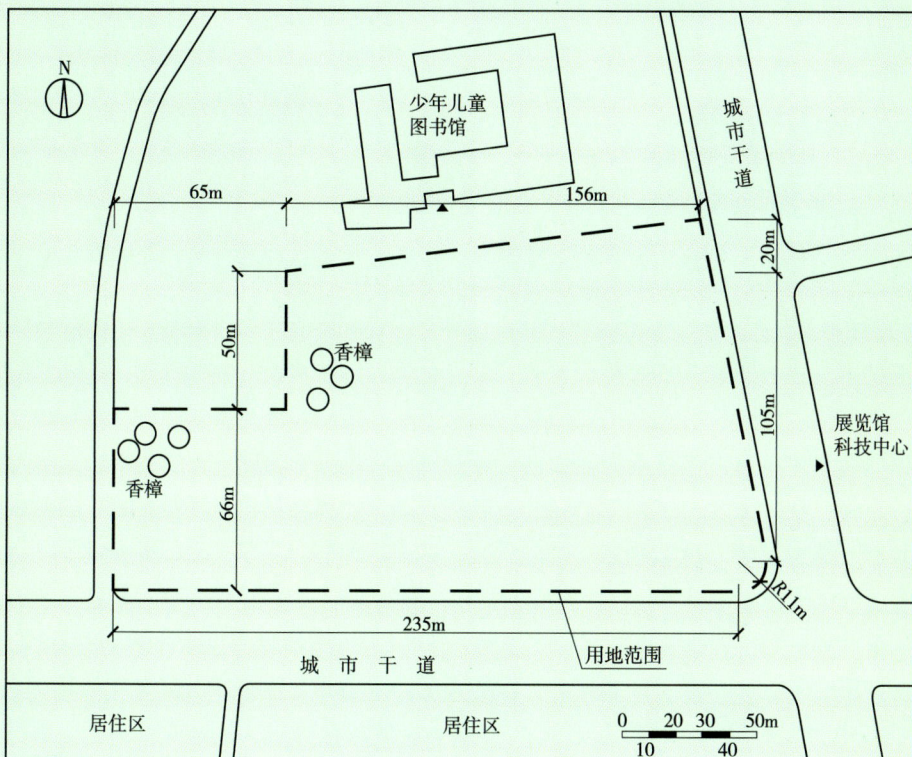

图 4-24　设计现状图

【工具材料】

草图纸、绘图笔、橡皮、马克笔等。

📗 知识准备

1. 概念及类型

城市广场是居民社会活动的中心，可组织集会，交通集散，也是人流、车流的交通枢纽或居民休息和组织商业贸易交流的场所，它是城市道路交通体系中具有多种功能的空间，是人们政治、文化活动的中心，常常是公共建筑集中的地方。现代城市广场应该是多景观、多效益的城市社会生活广场，是以城市历史文化为背景，以城市道路为纽带，经过艺术加工由建筑、道路、植物、水体、地形等围合而成的城市开敞空间。城市广场往往成为表现城市景观特征的标志，因为广场周围一般均匀布置城市中的重要建筑和设施，所以能集中体现城市的艺术风貌。

1) 市政广场

市政广场是用于政治集会、庆典、游行、检阅、礼仪、传统民间节日活动的广场，一般位于城市中心位置，常布置在城市主轴线上，通常是市政府、城市行政区中心、老行政区中心和旧行政厅所在地，是一个城市的象征。市政广场上，常有表现该城市特点或代表该城市形象的重要建筑物或大型雕塑等，如旧金山市政广场(图4-25)、泰安市政广场(图4-26)。

图4-25　旧金山市政广场

图4-26　泰安市政广场

2) 纪念性广场

纪念性广场结合城市历史，与城市中有重大象征意义的纪念物配套设置，用来纪念某些重要的人物或事件。纪念广场的大小没有严格限制，只要能达到纪念效果即可。因为通常要容纳众人举行缅怀纪念活动，所以多设在宁静和谐的环境中，既便于瞻仰，又不妨碍城市交通。广场中具有相对完整的硬质铺装，而且与主要纪念标志物(或纪念对象)保持良好的视线或轴线关系，创造与主体相一致的环境，突出纪念主题，产生更大的社会效益。例如，哈尔滨防洪纪念塔广场(图4-27)、上海鲁迅墓广场(图4-28)等。

图4-27　哈尔滨防洪纪念塔广场

图4-28　上海鲁迅墓广场

3) 文化广场

文化广场是为了展示城市深厚的文化积淀和悠久历史，经过深入挖掘整理，从而以多种形式在广场上集中地表现出来。其规划设计不像纪念广场那样严谨，更不一定需要有明显的中轴线，可以完全根据场地环境、表现内容和城市布局等因素进行灵活设计，没有固定模式，但是文化广场要有明确的主题。用鲜明反映城市文化特征的树木花草、雕塑及具有传统文化特色的各种装饰品来体现城市文化特色，如苏州凤凰文化广场（图4-29）。

4）商业广场

随着城市的发展和繁荣，商业广场的作用显得越来越重要。人们往往希望能在喧嚣的闹市中找到一处相对宁静的休息场所，所以它的形态空间和规划布局并没有固定的模式。传统的商业广场一般位于城市商业街内或者是商业中心，当今的商业广场通常与城市商业步行系统相融合，有时是商业中心的核心，如上海南京路步行街中的广场（图4-30）。

图 4-29 苏州凤凰文化广场   图 4-30 上海南京路步行街广场

5）交通广场

交通广场是指有数条交通干道的较大型的交叉口广场，它是城市中必不可少的设施。交通广场的主要功能是有效地组织城市交通，疏导人流、车流等。交通广场有两类，一类是城市多种交通汇合转换处的广场，主要起交通转换作用，如火车站、长途汽车站前广场（即站前交通广场）；另一类是环岛交通广场，地处道路交汇处，以圆形居多，一般以绿化为主，但绝对不可以阻碍驾驶员的视线。交通广场四周不宜布置大量人流出入的主干道，主要建筑物也不宜直接面向广场，如法国马赛查尔斯火车站站前广场（图4-31）。

6）休闲广场

在现代社会中，休闲广场是市民不可或缺的户外活动空间，常设置在人口较密集的地方，以方便市民使用。它的布局不像市政广场和纪念性广场那样严肃，往往灵活多变，是以让人轻松愉快为目的供市民休息、娱乐、交流等活动的重要场所。其尺度、空间形态、绿化、休闲设施等都应符合人的行为规律和人体尺度要求。休闲广场空间多样自由，但一般与环境结合紧密。广场的规模可大可小，没有具体的规定，主要根据现状环境来考虑（图4-32）。

7）集散广场

集散广场因为人流量较大，所以面积一般也较大。它不仅为人流、车流集散提供足够的空间，还起到修饰街景的作用。集散广场绿化可减弱大面积硬质地面受太阳辐射而产生的辐射热，改善广场小气候；与建筑物巧妙配合，衬托建筑物，以达到更好的景观效果。

图 4-31 法国马赛查尔斯火车站站前广场

图 4-32 大连星海广场

8) 园林广场

园林广场主要指与城市现有的绿地、花园和城市自然景观相结合，以塑造园林景观为主要功能的广场。园林广场以植物造景为主，具有鲜明的四季景观。

园林广场的规模一般不大，与周围天然的花卉、山石构成怡人的生态环境。其主要作用在于美化城市，为人们提供一个幽雅的、放松身心的环境。

2. 城市广场功能与作用

1) 提供公共活动空间

城市广场是城市的开放空间，它在城市中的作用就是为人们的户外活动提供场地。市民可以在广场中交谈、静坐、观赏，将压抑的情绪释放出来。广场的各种活动设施和场地，使人们有机会交流，开展多种文化活动。例如，在上海人民广场放鸽子等；意大利的锡耶纳大广场(图 4-33)每年 7 月举行的赛马活动，吸引了全世界的旅游者前往观光游览。

图 4-33 意大利的锡耶纳大广场

2) 联系城市各公共空间

城市广场既是城市的节点，也是城市主要的构图手段。本质上，城市广场是一种被限定的室外空间，常被用来组织城市的其他组成要素。例如，上海人民广场（图 4-34）北侧是上海大剧院、人民大厦，南边是上海博物馆，东西两侧都是城市建筑，广场处于枢纽地位，把 4 个方向的建筑紧密地联系起来。

图 4-34　上海人民广场

3) 体现城市文化

城市广场往往是城市形象显著的形象代表，具有公共性、开放性、主题性、文化性和地域性等特征。广场景观可以弘扬城市地域文化、展示城市活力，并成为城市精神的有力表述，这在一些纪念性广场、文化主题广场空间中比较常见。如莫斯科红场（图 4-35）、巴西利亚三权广场（图 4-36）、罗马威尼斯广场，都因具有独特的风格和特殊的历史意义而闻名。

图 4-35　莫斯科红场

图 4-36　巴西利亚三权广场

4) 引导视线与交通

城市广场往往利用景观视觉效果来引导人们的视线与交通，它可以通过线形和色彩的设计来实现这种引导功能。地面的纵深感可用平行于视平线的线形来强调；垂直于视平线的线形可用来强调地面的宽度；直线形的景观线条用来引导人们前进；无方向性或稳定性景观线条引导人们停留；辐射状或向心式的景观用来引导人们关注某一特定焦点。

5）分隔与组织空间

现代城市广场功能上的综合性，必然要求其内部空间场所具有多样性特点，以达到实现不同功能的目的。在设计中可根据空间的功能需要，结合实际地形地貌和具体环境，把整个广场空间分隔成不同功能的单元空间，再将其合理组织，使之联系成为一个整体。如歌舞表演需要有相对完整的空间，给表演者的舞台或下沉或升高；情侣约会需要相对郁闭私密的空间；儿童游戏需要有相对开敞独立的空间等。综合性功能如果没有多样性的空间创造与之相匹配，是无法实现的。设计时可通过材料或样式的变化来体现广场空间的边界，给人们产生不同的心理暗示，达到分隔与组织空间的效果。比如采用不同的铺装材料来分隔两个不同功能的活动空间，或者采用同一种材料的不同样式来区分不同空间，给人们以领域感，这种场所感的建立是现代城市广场多样性特点的深化。

3. 城市广场设计要点

1）建筑设计

为了获得更大的活动空间，城市广场通常没有建筑设计，但是，根据需要也可以将中心雕塑改为比较有特色的标志性建筑，在建筑内打造各种休闲文化服务区等，从立体上扩展文化广场的功能范围。建筑的设计风格要符合周边环境和主题，占地面积不宜过大，设计方案有两种：一种是中心型，即充当雕塑的角色，有一定高度，占地面积小；另一种是合围型，建筑群分布在广场周围，要求保证中心地带的活动空间。

2）雕塑设计

雕塑设计是广场设计的主要内容，很多广场的重要部分就是雕塑。对于雕塑的设计内容、风格、名称等应体现广场的主题，因此意义重大，比较优秀的广场雕塑设计，还会成为某个城市的地标（图4-37）。

图 4-37　海之韵广场雕塑

3）水景布置

广场水景布置分为静水水景、动水水景。静水水景的主要目的是产生镜像，形成丰富的倒影，扩大广场的视觉效果；动水水景一般适用于生态广场或园林广场。动水又分为流水、落水和喷泉等（图4-38），落水设计主要为瀑布和跌水两大类。瀑布一般要利用自然地形，因此不宜在城市中心地带使用。喷泉是现代广场设计中应用极广的一种设计手法，有利于城市广场的水景造型，可以集合台阶落差结构的跌水水景设计，增强广场的动态效果。

4）绿化设计

　　绿化是广场设计中必不可少的一项，是关系到景观设计成败的重要内容。绿化设计可按照广场主体的不同大致分类，例如，市政广场、纪念性广场，一般为对称式布局，乔木以常绿乔木为主，树木应挺拔健壮。除景观功能外，种植设计还起到疏导、隔离的作用，使广场富有层次感（图 4-39）。

图 4-38　广场喷泉　　　　　　　　　　　　图 4-39　入口绿化设计

　　常见广场植物种植形式包括：

　　①草坪　草坪适宜广场开敞空间的营造，有助于分隔和疏导人流。

　　②花坛与花池　是广场绿化的基本手段之一，主要形式有花带式、花盆式、花台式与花篮式，既可以固定，又可以随座椅、栏杆、灯具等进行变化。花坛与花池的使用可以使广场的平面和立面形态更加丰富。应注意错落有致，在高差和形态上富有变化，同时还要符合整体效果。

　　③花架　可以在小型休闲场所的边缘进行布置，起到点缀的作用。

　　植物种类的选择要因地制宜、因时制宜。花、叶、枝干随四季的变化会出现一定的变化，因此广场的美观性也会随着季节的变化而出现改变，因此，要注意每个季节都应有景可赏，让广场随季节的变化，呈现不同的景观。

5）设施设计

　　设施设计是广场构成的要素之一（图 4-40）。设施关系到广场功能的体现，应注重其使用功能。广场的建设主要是为人们提供休息的场所，如长椅、灯具、垃圾箱、饮水器、护栏等都需要注意功能与形式相适应。广场设施建设主要分为四大类：功能性设施，包括长椅、灯具、路标、垃圾箱；庆典型设施，包括旗帜、彩化和装饰灯；装饰性设施，包括雕塑、壁画、喷泉等；服务性设施，如电话亭、LED 大型显示屏等。

6）灯光设计效果

　　灯光设计应响应环保理念，尽量使用节能灯，白天蓄电，晚上照明。灯光效果主要强调灯光在晚上的装饰美化效果，光线强弱、明暗在平面上的效果，例如，可在高处如雕塑

图 4-40　乡村广场设施设计

或周边的高层建筑设置灯光效果，以突显夜景，给人们以安详温馨、优美舒适之感。

除了以上设计之外，还应当考虑路面的铺设选用何种材料，不同的区域用何种色调等。对于无障碍设计，应根据我国《方便残疾人使用的城市道路和建筑物设计规范》（JGJ 50—1988）的规定，人行道的宽度不能小于2500mm。

🍃 任务实施

1. 案例调查与研究

以分组的形式（表4-9），选择所在城市的一个相似案例，通过文献、网络查阅的方法，了解案例所在区域的社会环境、人文环境、道路周围环境，以及城市广场的设计思想。然后携带简单的测量、制图工具对选择案例进行场地勘察，通过实地调查获得城市广场的资料，经过分析深入理解城市广场设计的具体内容。

表 4-9　小组工作计划和分工情况

小组名称		工作任务	城市广场设计	组长	
调研任务分工		成员		分工	

在研习案例的基础上，每组完成一份案例分析报告，并以PPT等形式进行汇报，然后对其进行评价（表4-10）。

表 4-10　城市广场景观设计案例分析评价表

小组名称		总分	
1. 条件分析与案例选择（每项5分，共15分）			评分
基地条件分析合理			
条件问题指向明确			

（续）

案例选取得当	
2. 案例资料收集（每项 5 分，共 10 分）	评分
项目背景及其环境（业主）条件有所交代	
实景图像与必要的图纸资料清晰可读	
3. 案例分析与总结（每项 10 分，共 50 分）	评分
能找到符合要求的案例	
对所用案例进行简明全面的介绍	
对案例的相关条件进行充分分析，提出自己的评价和理解	
对案例说明问题作出有序总结	
能提出有利于下一步方案设计的启发性要点	
4. 图面表达与编排（每项 5 分，共 15 分）	评分
分析图表达清晰，可读性强	
PPT 内容前后条理性强	
画面构图均衡，文字编排适宜	
5. 现场汇报与互动（每项 5 分，共 10 分）	评分
内容组织连贯，讲述条理性强	
口头表达能力强，与听众有良好的沟通和互动	

2. 设计构思

根据任务描述和任务分析，完成城市广场设计的整体立意构思，确定广场的风格和内容。

3. 设计方案

在安全性、景观性、功能性、文化性原则的基础上，以人为本，重点考虑城市广场所在区位环境条件，用景观五要素来构筑一个城市休闲景观空间，使该广场与周边的自然人文环境协调统一，构筑沿路景观的视觉美感，树立城市区域的景观形象，同时服务于周边居住人群，形成具有游憩及观赏功能的城市广场空间。

4. 图纸绘制

按照设计要求，最终完成设计图样，包括平面图、立面图、效果图、植物名录表和设计说明书等，可以手绘或者计算机完成。图纸要求为 A3。

①平面图　要求能够准确地表达设计主题和思想，以及城市广场景观五要素的设计形式和位置关系等内容，图面整洁，图例使用规范。

②立面图　能够准确地表达城市广场主要景观轴线的立面形象，绿地及建筑小品的竖向关系，图面整洁，图例使用规范。

③效果图　选取合适的角度，进行效果图表达，展示城市广场景观的整体形态和局部重点景观。

④主要小品的平面图和立面图　要求能够准确地表达主要小品的平面尺度、立面形象和尺度，图面整洁，图例使用规范。

⑤植物名录表　按照植物分类对设计中运用的植物进行名录汇总。包含植物图例、规格、数量。

⑥设计说明　200~500字说明一份，主要阐明设计思路、设计主题和设计细节。

🍃 考核评价

姓名		工作任务		城市广场设计							
序号	考核项目	考核内容	等级				分值			
			A	B	C	D	A	B	C	D
1	态度	态度认真，积极主动，操作仔细，记录认真	好	较好	一般	较差	10	8	6	4
2	设计内容	设计科学合理，符合绿地设计的基本原则，具有可达性、功能性、亲和性、系统性和艺术性	好	较好	一般	较差	20	16	12	8
3	综合应用能力	结合环境综合考虑，满足功能和创造优美环境，通过植物配置创造四季景观，同时充分考虑到植物的生态习性和对种植环境的要求	好	较好	一般	较差	30	25	15	10
4	设计成果	设计图纸规范、内容完整、真实，具有很好的可行性，独立按时完成	好	较好	一般	较差	25	20	15	8
5	能力创新	表现突出，内容完整，立意创新	好	较好	一般	较差	15	10	8	4
合计得分										

知识拓展

1. 城市步行街绿地设计

步行街是城市道路系统中专供步行者使用，禁止或限制车辆通行的道路。步行街一般位于市、区商业中心、服务设施集中的地区，如北京王府井大街、上海南京路、武汉江汉路步行街、南京狮子桥等。因此，步行街绿地设计不只是美化环境的一部分，而且是繁荣城市商业活动和城市活力的重要手段。

步行街主要以商业店铺、装饰性强的地面硬化铺装为主，绿化小品为辅。环境设计以座椅、灯、喷泉、雕塑等小品为主，而绿化只是作为点缀，占有很小的比重和很少的面积，多植大乔木以遮阴。但应保持步行街空间视线的通透，不遮挡商店的橱窗、广告等(图 4-41)。

步行街绿化形式灵活多样，统一协调，结合步行街的特点，以行道树或花坛为主，适当结合建筑布置店前的基础绿化、角隅绿化、屋顶及平台绿化等形式，达到装点环境、方便行人的目的。行道树往往以树池或者树箱的形式出现，或者是围树座椅，花坛边沿设计成方便行人坐憩的尺度，增加可移动的花钵、花车、花篮等花器，点以时令花卉，常年花开不断(图 4-42)。

图 4-41　苏州市淮海街街景

图 4-42　苏州市淮海街建筑环境装饰

步行街的植物种植要特别注意其形态、色彩应与街道环境相结合；树形要整齐，乔木冠大荫浓、挺拔雄伟；花灌木无刺、无异味，花色艳丽，花期长。

步行街上的公共设施如果皮箱、街灯、座椅等，以及花坛、棚架、雕塑、水池等园林建筑小品都可作为构景要素，要与绿地有机结合。总之，步行街要充分满足其功能需要，同时经过精心的规划与设计达到较好的艺术效果。

2. 高速公路绿地设计

随着城市交通化的进程，高速公路与城市快速道路在我国已经开始兴建，这种主要供汽车高速行驶的道路在绿化上一般与街道有不同的特点，功能与景观的结合问题十分突出。高速公路路面平整，车速一般为 80～120km/h，对绿地有着特殊的要求。高速公路绿地设计是指在高速公路路域范围内，利用植物创造一个形态变化、形式多样，具有一定社会文化内涵及审美价值，并能满足高速公路交通功能的景观的过程。高速公路绿地包括出入口、交叉口、涵洞、中央分隔带、防护带、边坡、互通区、服务区绿地等。

高速公路多位于城郊及乡镇比较空旷的地方，其土壤条件、日照等自然环境因素比城市优越。由于行人少，离居民点较远，对遮阳、降温等环境卫生方面的要求低于城市，绿地设计注意除防护效益外，应注意其经济效益。根据高速公路各地段的自然条件选择适宜生长、树形好的树种，合理密植，就地培育苗木，并应尽量与农田防护林带结合。高速公路上的绿地供人们观赏景观只是瞬间的，但却是持续的，因而讲究群体美，植物配置要简单明快，根据车辆的行车速度及视觉特性确定群植大小和变化节奏，以调节行车环境和减少司机疲劳。因高速公路采用封闭式管理,树木养护难度大,为保证公路畅通、美观和绿地养护人员的安全,应选择易种、易管又有利于树木本身生长发育和发挥其绿化美化作用的树种。

1) 高速公路出入口、交叉口、涵洞种植设计

高速公路出入口是汽车出入的地方,在出入口栽植的树木应该配置不同的骨干树种作为特征标志,引起汽车驾驶员的注意,便于加减速及驶出驶入(图4-43)。高速公路交叉口150m以内不栽植乔木;道路拐弯内侧会车视距内不栽植乔木;交通标志前,桥梁、涵洞前后5m内不栽高于1~2m的树木。

图 4-43　高速公路出入口

2) 中央分隔带种植设计

高速公路中央分隔带是指车行道之间的绿化带,其主要功能是隔离车辆分道行驶,防止汽车驶入分隔带及阻挡对行车辆的炫光,诱导视线及美化道路环境,保证行车安全。中央分隔带种植整齐的花木、绿篱、低矮的灌木及矮小的整形常绿树,可以有效遮挡相向车辆的灯光,起到防眩作用,有助于降低交通事故的发生率。栽植的树种应该是四季常绿、生长缓慢、低矮、耐修剪、抗旱、抗寒、抗病虫的。

3) 防护带种植设计

高速公路两侧往往有防护带,其主要作用为防风隔音、纳污除尘、固土护坡、调节气候、涵养水源、引导视线、协调景观。防护带种植设计应考虑到沿线景色变化对驾驶员心理上的作用,过于单调,驾驶员容易产生疲劳、疏忽而导致交通事故,所以在修建高速公路时尽可能保护原有自然景观,并在路侧适宜点缀树群、树丛、宿根花卉群,采用外高内低,即远乔木、中灌木、近草坪的3层绿化体系,形成一个连续、密集的林带(图4-44)。有些地方栽植经济林作为防护带,既增加景色的变换、起到绿色屏障的作用,又带动了经济发展。

4) 边坡种植设计

边坡种植设计的主要目的是保持水土,稳固边坡,改善高速公路景观,补偿施工对环

图 4-44　高速公路中央分隔带及防护带

境的破坏。挖方土质边坡可根据土质情况进行绿化设计；挖方石质边坡宜采用垂直绿化材料进行覆盖以增加其美观度，可选用喜光、抗性强的攀缘植物；填方区的绿化可采用种草坪及花灌木等固土护坡。对于挖方路段前的填方结合段的绿化，可采用密集绿化方式，从乔木过渡到中灌木、矮灌木，这样可减少光线的变化对驾乘员的影响，起到明暗过渡的作用。

5) 互通区种植设计

互通是高速道路交叉连接的重要形式。互通区种植设计的目的是引导驾驶员视线、保证行车安全以及美化环境。互通区种植设计内容包括：指示栽植，采用高大乔木，设在环道和夹角地带内，用来为驾驶员指示位置；缓冲栽植，采用灌木，设在桥台和分流地方，用来缩小视野，间接引导驾驶员降低车速，或在车辆因分流不及而失控时缓和冲击，减轻事故损失；诱导栽植，采用小乔木，设在曲线外侧，用来预告高速公路线形的变化，引导驾驶员视线；禁止栽植，在立体交叉的合流处，为保证驾驶员的视线通畅，安全合流，不种植树木。

互通区种植设计首要考虑交通功能，在保证交通安全、增加导向标志的前提下，可以根据互通式立体交叉的特点构图，图案简洁、空间开阔，适当点缀树丛、树群，注重整体感、层次感，形成开敞、简洁、明快的格调；或者选择一些常绿灌木进行大片栽植，同时适当点缀一些季相有变的色叶木和花果植物，形成乔灌草相结合的复层搭配植物景观，赋予其一定的历史文化、民族风情等内涵。

6) 服务区种植设计

沿线服务区是指为过往车辆提供车辆修理、加油以及司机和旅客用餐、购物、休息等综合服务的功能区。优美的环境能给司机和乘客以美的享受，减少旅途的疲劳。设计以庭院绿化形式为主，形式开敞，以规则式结合局部自然式种植。可采用线条流畅、舒缓的整形绿篱突出时代气息，局部的自然式植物配置便于服务区的人们近观欣赏。根据不同服务区的建筑风格，设计并创造出环境优美、景观别致的绿化效果。

图 4-45　城市快速道

3. 城市快速道路种植设计

随着我国经济建设的快速发展，城市化的速度也随之加快，大城市、特大城市日渐增多，中心城市、城市群也随之形成。城市范围的不断扩大，要求城市内部的联系要更加密切、更加快捷，城市快速道路及其网络应运而生。城市快速道路作为城市道路的重要组成部分，其交通系统通常具有全线采用互通式立交、道路全封闭、高车速等特点。绿化景观则具有线性空间和块状空间交错分布、绿化面积大、视线高程和方向变化多样的特性。城市快速道路的景观既是往来于城际的人们对城市的第一印象，也影响着本地居民的公共生活和人文精神。道路绿化在整个绿地系统中既是面，又是线，起着连接整个绿地生态系统的作用（图 4-45）。

1）城市快速道路绿化设计

城市快速道路绿化，主要包括分车带、行道树、路侧绿带、防护绿带、边坡的绿化等内容。城市快速道路种植设计介于城市道路和公路绿化之间，是车辆行驶速度较快的道路绿化。行道树绿带和分车绿带以及路侧绿带的种植设计都可以参考城市主干道路的种植设计。在沿线有较多居民区的位置，应考虑结合路侧绿带设置街头小游园，供居民日常游憩使用。但是快速道路的绿化设计也有其特点，特别是模纹造型变化的区段间隔要大一些，一般控制在 80～100m 较为适宜。布置要简洁大方、视线通透，尤其是分车带绿化要用低矮植物，以草坪为主，花灌木点缀为辅，尽量体现城市快速道路的绿化特点和园林建设新气象、高水平。

快速道路因为围绕于城市外围，可能要穿越山地、丘陵等较复杂的地形，往往要开山辟地，这种情况下还要做好道路两侧的边坡处理。边坡绿化的首要目的是防止水土流失，防止塌方，保证行车和行人安全，其次要达到较好的边坡绿化景观效果。边坡通常采用小灌木整形修剪、形成图案或色块效果，或者利用草坪或观赏草甚至是本地常见草本植物，也可以采用藤本攀缘植物及其他类型地被植物综合利用。

2）城市外环路防护林带种植设计

在很多大城市的外围环城路以及北方风沙危害频繁或沿海台风袭击较严重的城市，外环路往往还要做好防护林带的种植设计。外环路的防护林带主要有生态防护型林带、风景观赏型林带、观光休闲型绿化林带 3 种形式。

3）环城高速路种植设计

有些城市的最外围快速道路是设计成高速公路的形式，高速公路的横断面包括中央隔离带（分车绿带）、行车道、护栏、边沟、边坡、路侧绿带和护网等。中央分车绿带宽度不一，通常种植花灌木和常绿灌木，较窄的分车绿带采用较紧密种植，整形成绿篱形式，高度以可以挡住相向行车的灯光为宜，使夜间行车的司机不会受到相向行驶车辆的眩光干扰。分车绿带不宜种植乔木，以免影响高速行驶中司机的视线和内侧车道的行车空间。较宽的分车绿带可采用整形灌木、地被、草坪的复层植物配置，但也要达到防眩光干扰的功能要求。

4. 停车场绿地种植设计

随着人民生活水平的提高和城市发展速度的加快，机动车辆越来越多，对停车场的要求也越来越高。一般在较大的公共建筑物如剧场、体育馆、展览馆、影院、商场、饭店等附近都应设停车场。在城市中沿着路边停车，将会影响交通，也会使车道变小。因此，还可在路边设凹入式的停车港，并在周围植树，使汽车可以在树荫下庇荫，既解决了停车的问题，又增加了街景的美化效果。

《城市道路绿化规划与设计规范》（CJJ 75—1997）中关于停车场绿化设计规范的要求：停车场周边应种植高大庇荫乔木，并宜种植隔离防护绿带；在停车场内宜结合停车间隔带种植高大庇荫乔木。停车场种植的庇荫乔木可选择行道树种。其树木分支点高度应符合停车位净高度的规定：小型汽车为 2.5m；中型汽车为 3.5m；载货汽车为 4.5m。

停车场可分为 3 种形式：多层的、地下的和地面的。目前我国以地面停车场较多，具体可分为以下 3 种形式：

（1）周边式

周边式适用于较小的停车场，这种形式是四周种植落叶乔木、常绿乔木、花灌木、草地、绿篱或围以栏杆，场内地面全部为硬质铺装。近年来，为了改善环境，提高绿化率，停车场纷纷采用草坪砖作铺装材料。

（2）树林式

较大的停车场为了给车辆遮阴，可在场地内种植成行、成列的落叶乔木，除乔木外，场内地面全部硬质铺装或采用草坪砖铺装。

（3）建筑前的绿化带兼停车场

靠近建筑物而使用方便，是目前运用最多的停车场形式。这种形式的绿化布置灵活，多结合基础栽植、前庭绿化和部分行道树设计。设计时绿化既要衬托建筑，又要能对车辆起到一定的遮阴和隐蔽作用，故一般以乔木和高绿篱或灌木结合。

5. 花园林荫道绿地设计

1）花园林荫道的类型

花园林荫道是位于城市化程度较高区域，具有交通、景观、游憩、生态等社会功能的路侧绿带，它具有道路绿化覆盖率高且能形成林荫空间的特点。花园林荫道作为城市线性绿色开放空间，在城市生态网络体系中具有重要的作用。以其功能作为分类标准，考虑生态、交通、景观、文化等功能的展现，大体可分为景观游憩型林荫道、生活型林荫道、文化历史型林荫道、其他类型林荫道 4 个主要类型（表 4-11）。

表 4-11　功能侧重点不同的城市花园林荫道分类

类型	景观游憩型林荫道	生活型林荫道	文化历史型林荫道	其他类型林荫道
道路类型	包含林荫慢行交通系统的城市干道	生活区的道路	历史文化风貌区道路	商业区、商务区等区域的道路
道路功能	体现城市独特景观提供线形游憩空间	创造良好生活氛围	体现道路地域特色及历史风韵，保护城市文化历史遗留区并完整体现某历史时期的风貌	创造良好商业或者商务等的区域氛围，提升城市形象
景观特色	环境优美的游憩空间	游憩步行空间与交通干道和谐统一	尊重历史文化风貌	简约大方，与商业等区域的景观相协调

（1）景观游憩型林荫道

景观游憩型林荫道，一般指分布在城市郊野或者城市干道周边的具有林荫道特征的道路。景观游憩型林荫道是构筑生态、花园城市的主要形式。它不仅实现了道路沿线区域环境的相互贯通，也为城市居民或者游览者提供了休憩活动空间。它的特点是注重生态、游憩与景观功能，弱化了交通功能。景观游憩型林荫道应具备符合地域自然和文化特征的景观特点，具有高标准的林荫覆盖度和丰富的游憩功能体验，其服务的主要对象是城市的居民或者城外的游览者(图 4-46)。

图 4-46　主干道一侧的林荫道景观

（2）生活型林荫道

生活型林荫道指分布在城市居住生活区周边的具有林荫道特征的城市次级干道、支路(不包含小区内部道路)。生活型林荫道是构筑宜居生活社区的主要形式。它不仅承担着道路沿线各居住区、单位内部道路、城市主次干道之间相互贯通的主要联系，而且也为各居民区提供了主要的休闲文化活动空间。它的特点是注重游憩功能与景观功能，弱化了交通功能。生活型林荫道应具备符合地域特征的生活文化氛围，具有高标准的林荫覆盖度和丰

图 4-47　生活区道路一侧的林荫道景观

富的休闲生活体验，其服务的主要对象是沿线的居住区居民(图 4-47)。

(3)文化历史型林荫道

文化历史型林荫道指分布在城市历史文化区域周边，具有林荫特征的城市干道、支路等。文化历史型林荫道具有独特的文化属性，是一个城市或者区域的特色文化体现。它的特点是文化特征显著，强调文化功能、景观功能和游憩功能。文化历史型林荫道应体现浓厚的历史文化底蕴，具有丰富的历史文化生活体验，其服务的主要对象是城市居民或外来的旅游者(图 4-48)。

(4)其他类型林荫道

除了以上 3 个类型外，还有一些林荫道紧邻城市的商业区、商务区或者城市的特殊区域，它们也是构筑城市生态、生产、生活的主要绿地形式，并结合周边地块的属性而注重一定的城市功能，是城市绿色开放空间的有机组成部分(图 4-49)。

图 4-48　历史文化街区的林荫道景观

图 4-49　紧邻博物馆的林荫道景观

2)花园林荫道特点与基本特征

(1)花园林荫道的特点

花园林荫道在道路侧方，布设在人行道边缘至道路红线之间，绿地宽度在 8m 以上。其宽度因道路性质不同而大小不一，其相邻的用地性质不同，景观的特点也不同。花园林荫道有两种形式，一种是在道路的一侧，一种是在道路的两侧，其特点如下：

①设在道路一侧的林荫道　道路一侧的花园林荫道由于设立在道路的一侧，减少了行

人与车行路的交叉，在交通流量大的道路上多采用此种类型，有时也因地形情况而定，如傍山、一侧滨河或有起伏的地形，这时往往利用借景的方式将山、林、河、湖组织在内，创造出更加优美的景观环境。

优点：行人不横穿街道即可进入；

缺点：缺乏对称感，视觉效果不够庄严、整齐。

②设在道路两侧的林荫道　道路两侧的花园林荫道设在道路两侧与人行道相连，可以使附近居民不用穿过道路即可到达林荫道内，既安静，又使用方便。

优点：道路的视觉效果及环境品质较高；

缺点：占地面积较大。

（2）花园林荫道的基本特征

根据花园林荫道所承载的生态功能、景观功能及林荫空间形成的可能性，花园林荫道更偏重于生活性道路，在设计层面上，更偏重个别道路的综合功能，属于城市线性慢行道系统。根据道路交通、景观特色、生态稳定性等要素，花园林荫道所形成的线性绿色空间具有以下具体的功能及景观特征。

①属于线性流动性媒介　具有一定宽度的花园林荫道的基本功能为通行，因此花园林荫道作为人造的绿色景观空间，具有很强的流动性特点。

②具有林荫空间及效应　花园林荫道的最明显特征是创造林荫空间，以及林荫空间带来的调节温度和湿度等一系列提高行人舒适度的林荫效应。据统计，浓荫或半阴环境，比在完全没有遮阴的街道，气温低 0.5 ~ 1.5℃，最多可低 3.6℃，相对湿度则可提高 20% ~ 30%。

③要求一定绿化覆盖率　林荫的形成主体为植物的树冠投影，而林荫的平面尺度即林荫道的绿化覆盖率则由植物的冠幅决定，立面尺度由植物的高度及道路宽度比值决定，随着四季时序的变化有部分差异。

花园林荫道绿带中，绿化用地面积不得小于该段绿带总面积的 65%。应符合现行行业标准《公园设计规范》（GB 51192—2016）的规定。濒临江、河、湖、海等水面的花园林荫道，应结合水面和水岸线地形设计成滨水绿带。此时，应在道路和水面之间留出透景线，或设置观赏平台或步道。道路护坡绿化应结合工程措施栽植地被植物或攀缘植物。

④具备步行游憩空间　步行空间是城市中最日常、最普遍、最有活力的公共活动空间。花园林荫道提供的林荫空间，可以构筑一定的步行游憩空间。它不仅满足了使用者的步行交通需求，而且满足了使用者的文化休闲生活需求，是城市文化生活景象的一种展现。

⑤植物景观呈现时序性　植物本身存在着"春花、夏叶、秋实、冬枯"的自然时序规律，景观也随着一年四季变化呈现不同的色彩。由于花园林荫道具备一定的绿地空间厚度，植物景观的构筑势必会呈现植物景观丰富的季相之美，这也是花园林荫道相对于城市硬质景观的最大景观特点。

因此，在进行设计时，要充分考虑其特点与基本特征，全面分析，做出科学化的景观设计。

3) 花园林荫道设计原则

（1）安全性原则

交通是花园林荫道的首要功能，而交通首先要强调的就是安全性，所有的设计必须在满足安全性的条件下进行。虽然花园林荫道属于路侧绿地，具有较宽的厚度，但是在设计的时候，特别是出入口和游路的设计，应注意与其他区域连接时的空间设计，做到人流进出的安全性、内部游赏的安全性等。

（2）协调性原则

协调性原则应主要从景观角度和设计角度两个方面考虑：从景观角度，花园林荫道的绿地各个景观元素要与整个道路环境中的其他元素相协调；从设计角度，花园林荫道的设计应考虑与道路上的附属设施以及相邻地块边界的建筑物或者其他用地相协调。

（3）人性化原则

花园林荫道的服务对象是人，所以人性化原则，就是组织为人所用、为人所感受的高质量的人性空间环境，具体体现在以下几个方面：

①尽量创造条件使人们可以自由参与其中。通过一定的参与和情感介入，使自身的行为与环境有机结合。

②空间适度围合，形成积极空间，增强使用者的安全感和领域感。

③遵从边界效应规律，把空间的边缘部分作为设计重点，尽力提供阴角空间、带状空间或中介空间，花园林荫道的活力和生机往往自边缘空间中引出。

④景观空间应是人性的、尺度宜人的、符合人们行为规律和心理规律的场所。

（4）注重文脉传承和场所精神营造的原则

没有文化积淀的街道是一条没有灵魂的街道。作为城市街景的重要组成部分，在花园林荫道的设计中，应充分挖掘街区的文化内涵，延续原有的城市肌理和人们的生活方式，同时结合时代发展，进行不断创新，塑造具有独特内涵的精神场所。

4) 花园林荫道设计要点

根据花园林荫道用地宽度，有 3 种布置形式：①简单式游憩林荫道：用地最小宽度为8m，可设计成以植物造景为主的绿地景观；②复式游憩林荫道：宽度 ≥20m，通常设计主次游步道划分绿地空间，布置简单的文化休闲景观空间；③游园式游憩林荫道：宽度至少在 40m 以上，布置主次两条以上的游步道，主次两类文化休闲景观空间。布置形式可为规则式或自然式。

花园林荫道的具体设计要点如下：

（1）出入口设计

花园林荫道可在长 75～100m 处分段设立出入口。人流量大的人行道、大型建筑前应设出入口。可同时在花园林荫道两端出入口处将游步道加宽或设小广场，形成开敞的空间。出入口布置应具有特色，做艺术上的处理，以增加绿化效果。

（2）慢行系统设计

慢行系统一般包括游步道和自行车道。设置游步道的数量要根据具体情况而定，一般

图 4-50　游步道和自行车道

8m 宽的林荫道内，设一条游步道；8m 以上时，设两条以上为宜，游路宽 1.5m 左右。自行车道则根据道路的区位、功能特点等进行设置，并根据自行车行车的活动规律，控制整体的景观节奏，满足人使用的舒适度。

例如，在苏州太湖大道一期景观设计工程中，将自行车骑行系统引入慢行系统。基于对人行习惯的研究，将沿线节点之间的距离控制在 300~500m，控制了整体景观的节奏，也满足了人使用的舒适度。铺装形式，则采用彩色混凝土将 3m 的道路清晰地界定划分，使自行车和人行系统具有界限。同时结合现状，设计不同景观特点的标准段，使步行与自行车骑行的体验更加多元化和原生态化（图 4-50）。

（3）绿色屏障设计

道路的车行道与花园林荫道内部道路之间要有浓密的绿篱和高大的乔木组成的绿色屏障相隔，立面上宜布置成外高内低的形式。

（4）文化景点和休憩空间设计

林荫道中除了布置游步道外，还要考虑与相邻环境匹配的文化休闲场所。如邻近生活区的，设置小型的儿童游乐场、老年活动场等；邻近商业区的，设置小型的集散广场并构筑商业景观聚集点；邻近历史文化街区的，设置文化景观场所；邻近自然山川、河流的，可适当布置一定的自然景观休憩场所。

例如，在苏州太湖大道一期景观设计工程中，林荫道以"山水新区，太湖风情"为主题，结合太湖大道自然山水基底，运用现代景观手法和材料，把电路、船帆、荷叶、树木等元素进行抽象提炼，将休憩、公交、停车以及展示等功能融为一体，在太湖大道慢行系统中成系列地布置多个景观节点。根据场地地形，有机融合台地、挡土墙、组团等空间元素，形成开合有度、高低起伏的景观序列空间。材料运用上，将毛石、锈板相结合，既体现现代感又与环境相协调（图 4-51~图 4-53）。

（5）植物景观营造

花园林荫道的植物配置应根据绿带的宽度及周边用地性质，在满足立地条件的基础上进行设计。邻近生活区的，可采用乔、灌、草结合的复式种植模式构筑植物屏障，利用绿篱、宿根花卉等形成色彩丰富的绿地景观；邻近商业区的，可结合商业建筑界面的视线等需求，布置不同高度、冠形和色彩的植物景观；邻近历史文化街区的，可结合立体花坛等植物景观，构筑特色小品；邻近自然景观的较宽的林荫道，可形成复层混交林结构，同时可选用管理粗放型植物构筑植物生态景观。同时，在树种的选择上，南方天气炎热需要更多的绿荫，故常绿树占地面积可大些，北方则落叶树占地面积大些。

（6）硬质景观营造

花园林荫道不仅是由植物景观构成的，其景观功能的发挥还体现在硬质景观的营造

图 4-51　太湖大道节点平面图

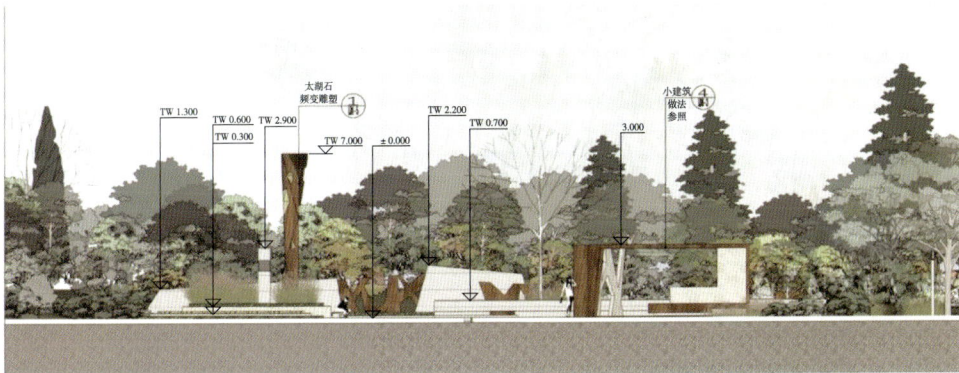

图 4-52　太湖大道节点立面图

图 4-53　太湖大道节点效果图

上。硬质景观主要包括铺地和建筑小品，其中建筑小品又分为休憩服务设施、文化设施、景观标识和照明设施等。休憩服务设施如廊、亭、垃圾桶、坐凳、厕所等，文化设施如雕塑、宣传栏等，景观标识和照明设施主要有标识牌、灯具等。在进行硬质景观的设计时，应结合场所人群的多样化需求以及不同设施的服务半径进行布局，同时结合场所的精神构筑具有一定文化符号的硬质景观。

例如，在苏州太湖大道一期景观设计工程中，以"科技、山水、人文"为主题，构筑了"现代科技(科技城)、太湖文化(渔耕、船家、湖石)、真山真水(沿线山水、太湖山水)"主题意向的景观设施与小品(图 4-54~图 4-56)。

现代科技

图 4-54   科技主题的景观设施与小品设计构思图

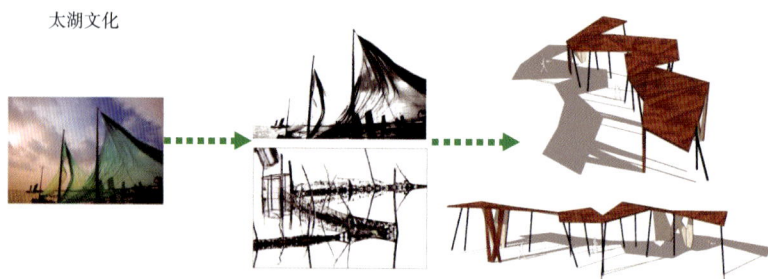

太湖文化

图 4-55   文化主题的景观设施与小品设计构思图

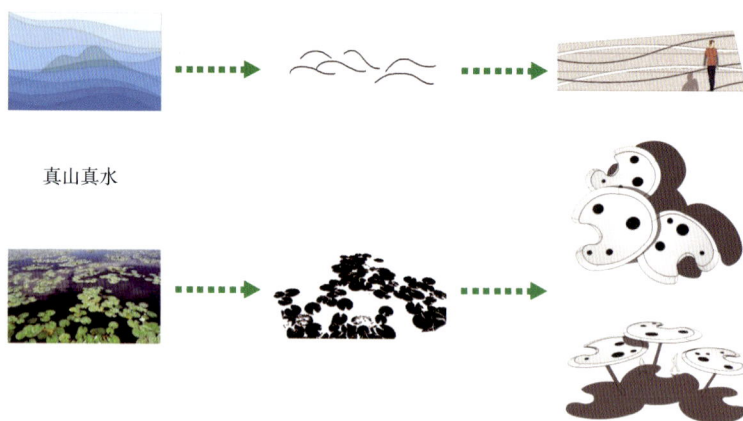

真山真水

图 4-56   山水主题的景观设施与小品设计构思图

(7)其他

随着时代的发展，花园林荫道的设计理念也在推陈出新、与时俱进。例如，在苏州市高新区何山路西延景观绿化设计中，采用了低影响开发等生态友好型的建设方式，通过排水草沟等生物滞留设施的构建，以雨水花园、下凹式绿地、渗塘、湿地等形式体现了海绵城市技术，同时使得花园林荫道与周边生态环境融为一体。

🍃 巩固训练

设计内容：华中××市××区在新的一轮城市规划中提出了"建设具有区域特色的复合型城乡快速景观大道"的目标。现决定对区域的主要干道××路的道路绿带进行改造提升设计。该道路位于城乡接合部，为四板五带式，其中中央分隔带宽8m，侧分带宽3m，花园林荫道(边侧绿地)宽60m。请结合道路绿地设计的基本知识和规范要求，以及道路绿地的城市发展目标和未来需求，对南侧局部花园林荫道绿地进行改造提升。改造的绿带现状环境及长度如图4-57、图4-58所示。

设计要求：A2图纸两张，包括300字设计说明、平面图、立面图、鸟瞰图或者局部节点效果图、植物配置图、园林小品设计图(平面图、立面图、效果图)。比例自定，表达方式不限。

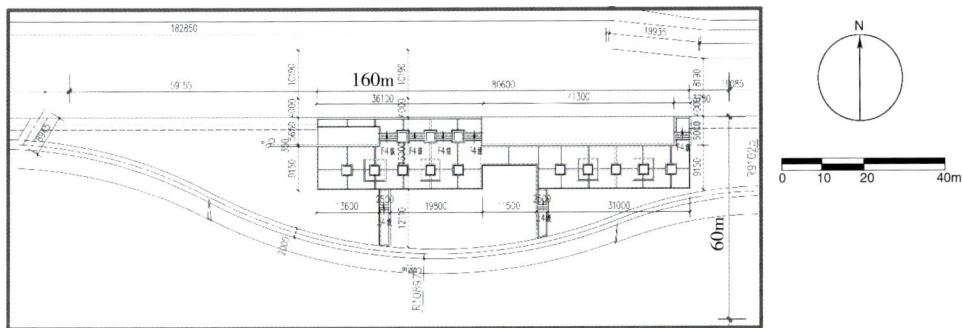

图 4-57 平面图

图 4-58 实景图

项目 5　　单位附属绿地设计

学习目标

【知识目标】

(1) 了解单位附属绿地设计的意义、特点、作用；

(2) 掌握单位附属绿地设计的原则；

(3) 熟悉单位附属绿地的常用树种；

(4) 掌握单位附属绿地的要求与设计要点；

(5) 掌握单位附属绿地的设计方法和程序。

【技能目标】

(1) 能够合理分析不同单位附属绿地的功能；

(2) 能够结合具体的现状环境，根据设计要求，科学合理地进行单位附属绿地的树种选择；

(3) 能够根据单位附属绿地的设计要求，完成各类单位附属绿地方案设计。

【素质目标】

(1) 通过对单位附属绿地有关知识资料的查阅、收集和总结，培养学生自主学习的能力；

(2) 通过任务的分析、实施、检查等步骤，培养学生独立分析问题和解决实际问题的能力；

(3) 在任务的实施过程中，以小组合作的形式，培养学生的团队意识和合作精神。

任务 5-1　　工厂绿地设计

工作任务

【任务描述】

图 5-1 所示为某工厂平面图，长 180m，宽 120m。请结合内部环境、服务对象、功能和性质，确定工厂绿地布局形式、主要树种等，完成一套完整的工厂绿地设计方案。

要求立意明确，风格独特，体现工厂绿地设计的特殊性，图纸绘制规范。

【任务分析】

首先了解工厂的服务对象，分析设计用地的周边环境，确定工厂绿地设计的立意、风格。结合工厂绿地设计的原则和设计要点，特别注意工厂绿地的特殊性，确定工厂绿地设计方案，完成工厂绿地设计图的绘制。

【工具材料】

测量仪器、手工绘图工具、绘图纸、安装 AutoCAD 绘图软件的计算机等。

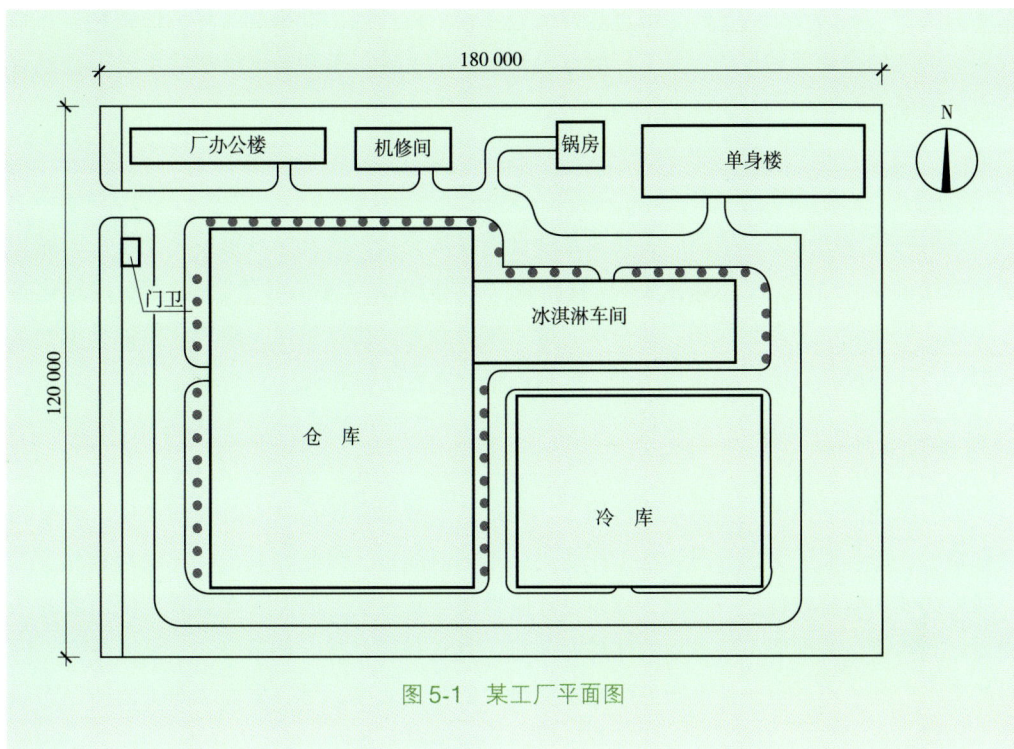

图 5-1　某工厂平面图

知识准备

许多工厂是城市的污染源，直接影响人们的健康。而其中的工厂附属绿地(以下简称工厂绿地)能为职工提供一个清新优美的劳动环境，能促进职工身心健康、振奋精神，提高劳动效率。同时，工厂绿地还能美化工厂环境，甚至成为工厂文明的标志及信誉的体现，给工厂带来间接经济效益。因此，结合工厂性质、用地情况及使用者的需求，合理地做好工厂绿地的设计和建设，对改善城市生态环境、创造精神文明等具有重要意义。

1. 工厂绿地的特点

为了节约城市用地，工厂一般建造在城市边缘地段或者是填土地面上，工厂绿地与其他园林绿地相比，具有特殊性。

1) 环境恶劣

工厂在生产过程中常常排放、逸出有害于人体健康和植物生长的气体、粉尘、烟尘和其他有害物质，使空气、水、土壤等受到不同程度的污染。虽然人们采取了各种环保措施进行治理，但由于经济条件、科学技术和管理水平的限制，污染还不能杜绝。另外，工厂用地的选择尽量不占耕地良田，加之生产过程中材料的堆放和废物的排放，使土壤结构、化学性能和肥力都有所劣化，因而工厂绿地的气候、土壤等环境条件，对植物生长发育是不利的。有些污染性大的工厂土壤条件十分恶劣，这也相应增加了绿化的难度。因此，根据不同类型、不同性质的工厂，慎重选择适应性强、抗性强、抵御恶劣环境的植物，并采取相应措施加强管理和保护，是工厂绿地设计成功的关键，否则会出现植物生长不良或者死亡的现象。

2）用地紧张

工厂内建筑密度大，道路、管线及各种设施纵横交错，尤其是城镇中小型工厂，绿化用地往往很少。因此，工厂绿化要"见缝插绿""找缝插绿""寸土必争"，灵活运用绿化布置手法，争取较大的绿化面积。如在水泥地上砌台栽花、挖坑植树，墙边栽植攀缘植物垂直绿化，开辟屋顶花园，都是增加工厂绿地面积行之有效的办法。

3）服务对象单一

工厂绿地的使用者主要是本单位职工，无论从人员数量还是从人员性质来说，都是相对稳定的，而且职工大部分时间在工作使用绿地的时间短，因此与其他园林绿地相比，工厂绿地的使用效率较低。一方面，绿地设计应景观丰富多变，最大限度地满足使用者的不同爱好和需要，并使职工在较短的休憩时间里，真正得到休息、调节身心、消除疲劳，同时改善工厂的生态环境，使有限的绿地发挥最大的使用效率；另一方面，职工的使用时间基本相同，这对工厂绿地设计和管理等工作的开展是有利条件。

4）保证安全生产

工厂的中心任务是发展生产，为社会提供质优量多的产品。工厂的绿地设计要有利于生产正常运行，有利于产品质量提高。工厂地上、地下管线密布，建筑物、构筑物、道路交错，厂内外运输繁忙。有些精密仪器厂、仪表厂、电子厂的设备和产品对环境的洁净度有较高的要求。因此，工厂绿化既要处理好与建筑物、构筑物、道路、管线的关系，保证生产运行的安全，还要满足设备和产品对环境的特殊要求，还要使植物能正常生长发育。

2. 工厂绿地的作用

1）美化自然环境，营造良好的生产氛围

富有生机的厂区环境，可以消除劳动带来的压力，使职工心情愉快、精神振奋，同时体力上得到调节和恢复，从而以更充沛的精力投身到劳动生产中去，提高职工的生产劳动积极性。

2）弘扬工厂文化，提高工厂的竞争实力

工厂绿化是社会主义精神文明建设的一个方面，从一个侧面反映了企业的精神面貌与企业文化。良好的园林绿化环境，能振奋人们的精神，提高产品的质量，同时，也能提高企业的信誉度，增强企业的竞争实力。

3）改善生态环境，形成可持续性发展的良性循环

工厂绿地在改善生态环境方面的作用是多方面的。例如，吸收二氧化碳和有害气体、吸滞烟尘和粉尘、调节和改善小气候、减弱噪声、监测环境污染等。不仅可以减轻污染，改善厂区环境质量，还可以为职工提供良好的劳动场所，保障职工的身心健康，而且对城市环境的生态平衡起着巨大的作用。

4）服务生产功能，形成良好而安全的生产防护

工厂进行内部绿化时，要充分考虑不同生产单位的不同需要，保证生产的安全进行。如精密仪器厂、光学仪器厂、电子工厂等，要增加绿地面积，同时保证土地均以植物覆盖，尽量减少飞尘，不要选择有茸毛、飞絮的树木，如悬铃木、杨树、柳树等。

5）丰富经营手段，提高工厂经济效益

通过工厂内部非生产用的绿地，提供一定的木材或发展种植、养殖等林副产品，可获得一定的直接或间接经济效益，也可利用工厂环境来吸引投资或满足职工的休闲游览需要，为辅助性地开拓企业经营方向和渠道提供可靠的物质基础和精神空间。

3. 工厂绿地的设计原则

1）为生产和职工服务

为生产服务，要充分了解工厂及其车间、仓库、料场等区域的特点，综合考虑生产工艺流程、防火、防爆、通风、采光以及产品对环境的要求，使绿地设计服从或满足这些要求，有利于生产和安全。为职工服务，要创造有利于职工劳动、工作和休息的环境，有益于工人的身体健康。根据实际情况，在树种选择、布置形式、栽植管理上多下功夫，充分发挥绿地在净化空气、美化环境、消除疲劳、振奋精神、增进健康等方面的作用。

2）体现工厂特色

工厂绿地设计应根据本单位规模、生产性质、用地条件、环境特点、服务对象以及经济状况等，制定合理的设计方案，并形成自己的风格特色，体现职工奋发向上和新时代的精神风貌。同时，工厂绿地设计是以厂内建筑为主体的环境净化、绿化和美化，要体现本厂绿化的特色和风格，充分发挥绿化的整体效果，使植物与工厂特有的建筑形态、体量、色彩相衬托、对比、协调，形成别具一格的工业景观和独特优美的工厂环境，如电厂高耸入云的烟囱和造型优美的双曲线冷却塔，纺织厂矩形天窗的生产车间，炼油厂、化工厂的烟囱，各种反应塔，银白色的贮油罐，纵横交错的管道等。这些建筑物、装置与花草树木形成形态、轮廓和色彩的对比变化，刚柔相济，从而体现工厂的特点和风格。

3）统筹规划设计

工厂绿地设计要纳入厂区总体规划中，要在工厂建筑、道路、管线等总体布局时就把

绿化结合进去，做到全面规划、合理布局，形成点、线、面相结合的工厂绿地系统。点的绿化是指入口广场区和游憩性游园，线的绿化是指工厂的道路、铁路、河渠及防护林带，面的绿化是指车间、仓库、料场等生产性建筑、场地的周边绿化。同时，要使工厂绿地设计与市区街道绿地设计衔接，自然过渡。

4) 尽量增加绿地面积

工厂绿地面积的大小，直接影响绿化的功能和工厂景观。大多数工厂绿化用地不足，特别是位于旧城区的工厂绿化用地，而有一些工厂增加绿地面积的潜力还是相当大的，只是因资金紧张无法实现。工厂绿地设计应以植物景观为主，充分发挥绿地改善生态环境、卫生防护和美化厂容厂貌等综合功能和效应。植物运用应当种类丰富，将乔木、灌木、花草相结合，创造多层次、多结构的绿色生态景观。充分利用一切绿地资源，尽量增加绿地面积，"见缝插绿"，提高工厂的绿地率、绿化率和绿量。

4. 工厂绿地的设计内容及要求

1) 大门及围墙

工厂大门绿化，首先要考虑方便交通，并要与建筑物的形体色彩相协调(图 5-2)。

图 5-2　某工厂入口绿化效果图

门前广场两旁绿化应与道路绿化相协调，可种植高大乔木，引导人们通往厂区。大门前或大门内一般设广场，以利于停车、转弯及人流集散。门内广场可以布置花园，设立花坛、花台或水池喷泉、雕塑等，形成一个清洁、舒适、优美的环境。花坛植物的高度一般不超过 70cm，以利于行车安全。

工厂围墙绿化设计应充分注意卫生、防火、防风、防污染和减少噪声，遮挡建筑不足之处，并与周围环境相调和。乔木通常沿墙作带状布置，以女贞、冬青、青冈栎等常绿树为主，银杏、枫香、乌桕等落叶树为辅，常绿树与落叶树的比例以 8:2 为宜，可用 3~4 层的树木栽植，靠近墙的一边用灌木、草花布置，形成一个沿路的立面景观。

2) 行政建筑区绿地

行政建筑一般包括行政办公及技术科室用房，以及食堂、托幼机构、保健室、大礼堂等建筑物，多建在工厂前区，周围环境条件相对较好，有利于植物景观布置。为了取得较好的景观效果，绿化的形式应与建筑形式相协调，附近的绿化一般用规则式布局（图 5-3），门口可设计花坛、草坪、雕塑、水池等，要便于行人出入；远离行政建筑的地方则可根据地形的变化采用自然式布局，设计草坪、树丛、树林等。建筑旁的绿化要朴实大方，美观舒适，有利于采光、通风。在行政建筑与车间之间应种植常绿阔叶树，以阻挡污染物、噪声等的影响。

图 5-3　厂区内建筑周围绿化

3) 生产区绿地

生产区分布着车间、道路、各种生产装置和管线，是工厂的核心区域，也是工人生产劳动的区域。生产区绿地比较零散，呈条带状和团片状分布在道路两侧或车间周围。

由于车间生产特点不同，绿地设计也不一样（表 5-1）。一般车间周围绿化要从光照、遮阳、防风等方面来考虑。如在车间的南向应种植落叶大乔木，以利炎夏遮阳，冬季又有温暖的阳光。在车间的东西向应种植高大荫浓的落叶乔木，借以防止夏季日晒，其北向可用常绿和落叶乔灌木配置，借以防止冬季寒风和风沙。一般情况下，车间周围的绿地设计考虑到生产和室内通风采光，距车间 6~8m 内不宜栽植高大乔木。

卫生净化要求较高的如电子、仪表、印刷、纺织等车间四周的绿化，应选择树冠紧密、叶面粗糙、有黏膜或气孔下陷，不易产生毛絮及花粉的树种，如榆树、臭椿、榉树、枫杨、女贞、冬青、香樟、黄杨、夹竹桃等。

污染较大的化工车间，不宜在其四周密植成片的树林，而应多种植低矮的花卉或草坪，以利于通风，稀释有害气体，减少污染危害。

对防火、防噪声要求较高的车间及仓库四周绿化，应以防火隔离为主，选择含水量大、不易燃烧的树种，如珊瑚树、银杏、冬青、泡桐、柳树等。设置一定宽度的隔离防火带，并分段分片栽植，留出消防车活动的空间。防火林带宽度依火源类型及防火规模而定。一般小规模防火林带宽 3m 以上，大规模防火林带宽 40~100m，石油化工厂、大型炼油厂的有效防火宽度为 300~500m。也可在防护距离内设置隔离沟、隔离障等，与林带一起共同阻隔火源，防止火势蔓延。

表 5-1 各类生产车间周围绿化特点及设计要点

序号	车间类型	绿化特点	设计要点
1	精密仪器车间、食品车间、医药卫生车间和供水车间	对空气质量要求较高	以种植藤本、常绿乔灌木为主，铺设大块草坪，选用无飞絮、飞毛、落果且不易落叶的乔灌木及杀菌能力强的树种
2	化工车间和粉尘车间	有利于有害气体、粉尘的扩散、稀释或吸附，起隔离、分区、遮蔽作用	种植抗污、吸污、滞尘能力强的树种，以草坪、乔灌木形成一定空间和立体层次的屏障
3	恒温车间和高温车间	有利于改善和调节小气候环境	以草坪、地被植物和乔灌木混交，形成自然式绿地；以常绿树种为主，花灌木色淡味香，可配置园林小品
4	噪声车间	有利于减弱噪声	选择枝叶茂密、分枝低、叶面大的乔灌木组成复层混交林带
5	易燃易爆车间	有利于防火、防爆	种植防火树种，以草坪和乔木为主，不种或少种花灌木，以利可燃气体稀释和扩散，并留出消防通道和场地
6	露天作业区	起隔声、分区和遮阳作用	种植冠幅大的乔木混交林带
7	工艺美术车间	创造美好的环境	种植姿态优美、色彩丰富的植物，配置水池、喷泉、假山和雕塑等园林小品，铺设园路
8	暗室及矿井作业车间	形成幽静、庇荫的环境	搭荫棚，或种植枝叶茂密的乔木，以常绿乔灌木为主

各类生产车间周围绿化特点及设计要点见表 5-1 所列。

除此之外，生产车间周围的绿地要根据生产特点，考虑视觉、心理和情绪特点，创造所需要的环境条件，防止和减轻车间污染物对周围环境的影响和危害，满足车间生产安全、检修、运输等方面对环境的要求，为工人提供良好的工余短暂休息用地。

4) 仓库、堆物场绿地

仓库区的绿化设计，要考虑消防、交通运输和装卸方便等要求，选用防火树种，禁用易燃树种，疏植高大乔木，种植间距 7~10m，绿化布置宜简洁，在仓库周围留出 5~7m 宽的消防通道。

装有易燃物的贮罐，周围应以草坪为主，防护堤内不种植物。

露天堆物场绿化，在不影响物品堆放、车辆进出、装卸的条件下，周边栽植高大、防火、隔尘效果好的落叶阔叶树，以利夏季工人遮阳休息，外围加以隔离。

5)工厂休憩绿地

休憩绿地可以营造满足职工在工作之余恢复体力、松弛精神、调节心理需要的幽雅环境。设计时除必须依据不同的生产性质和特征进行不同的布置外,还要对使用者进行生理和心理上的分析,按使用者的不同要求,合理布置各种景观。如生产环境具有强光和噪声,则休憩环境应宁静、光线柔和、色彩淡雅、没有刺激等;生产环境肃静和光线暗淡,则休息环境应空间开阔、光线充足、色彩浓厚等。休憩绿地的布置要结合厂内的自然条件,如小溪、河流、池塘、丘陵、洼地以及现有的植被条件等,对现状加以改造和利用,创造自然优美的空间。绿地内部适当布置座椅、游步道、休息草坪、花台、花架等。工厂休憩绿地可结合厂前区绿地布置,也可沿生产车间四周适当布置,以便于职工短时间的休息。

休憩绿地面积因工厂和厂内环境条件各异,一般可按每班25%的职工计算,每人40~60m²;短时间休息的,每人可按6~8m²计算。

工厂休憩绿地还可与本单位俱乐部、电影院、阅览室、体育活动场地等结合,统一布置,以扩大绿地面积,提高工厂环境美化效果,有利于实现"花园式工厂"的目标。工厂休憩绿地也可与工厂人防设施相结合,将人防设施地上部分设计成小游园,或将地下开辟成参观、游览的文化娱乐场所,地上、地下相结合,经济实用。

如果工厂远离城市,规模较大,且附近又无公园,工厂休憩绿地也可建成功能齐全的厂内公园(图5-4)。为广大职工提供休息、娱乐场所,丰富职工业余生活,同时改善环境,美化厂容。

图5-4 厂区公园效果图

工厂休憩绿地以植物景观为主要内容,创造良好的生态和休憩环境,可适当设置体育活动设施以及棋台、茶室、宣传廊等文化娱乐设施等,满足使用人群对绿地空间多功能的需求。

6)道路绿地

工厂道路是厂区的动脉,贯通厂内外交通,并将厂内各区、各车间、各部门的小块绿地等联系在一起,形成完整的厂区绿地系统。道路绿地是工厂绿地的重点之一,整齐壮观的道路绿地景观对改善工厂环境和美化厂容厂貌具有很大的作用(图5-5)。

图 5-5 某工厂行道树设计

（1）工厂道路绿地设计要求

①创造良好的行道环境 体现道路环境绿地的遮阳、降温、阻挡灰尘、减弱噪声、阻滞并吸收有害气体、净化空气以及美化厂容厂貌等功能。根据道路宽度、绿地宽度及建筑物高度等具体因素，因地制宜，相互协调。特别是主要道路，既要考虑衬托建筑，又要考虑利用植物造景，美化环境。例如，道路较窄，只能种植一排行道树时，东西向道路应种植在北侧，以利树木采光；南北向道路应种植在西侧，以利遮阳。

②保证安全 在道路转弯处要保证绿化景观不妨碍车辆行驶，不遮挡驾驶员视线。在厂区限定车速的情况下，规定路口安全视距为 20m。

③与工程管线相配合 按照树木与各种管线及构筑设施的规定，注意消除植物与工程管线的相互冲突和影响。不能按规定距离栽植时，必须通过修剪来解决矛盾。

④不影响车间通风采光 厂房车间靠近道路时，行道树设计要考虑车间内自然采光和通风要求。

（2）工厂道路绿地类型

工厂道路绿地多为一板两带式，即在道路人行道、车行道或人车混行道两侧设种植绿带。大型或特大型工厂主干道较宽，并且车流量较大，道路绿地常设计成三板四带式。对于工厂内较窄的道路（如宽度不足 5m），两侧一般各设置一排窄冠树，如龙柏、水杉等。若建筑靠近道路，则最好种植灌木和地被植物。有的道路只能在一侧种植一排树木，当路南邻近较高建筑物时，一般将树木种于北侧，当南侧没有较高建筑时，也可种于南侧；南北方向的道路一般只将树木种于道路西侧，为了防止路东建筑物西晒，也可将树木种于路东。

（3）工厂道路绿地形式

工厂道路绿地可设计为规则式、自然式或混合式。规则式具有统一的行道树或其他列植树，如工厂道路多，其变化则通过树种搭配、前后层次的处理、单株和丛植的交替种植来实现，通常变化幅度较小，节奏感较强。自然式适用于较宽的人行道，较为活泼，丰富多样。绿地较宽时还可采用自然式与规则式相结合的混合式。混合式也有两种布置方式：一种是在靠近道路边列植行道树，行道树后或树下自然布置低矮灌木和花卉地被；另一种是在道路两旁绿地较宽时，靠近道路处布置自然式树丛、花丛等，而远离道路处采用行列式种植，设置林带景观。

（4）工厂道路绿地树种选择

适宜工厂立地条件的优良行道树种，要求形态美观、树冠高大、枝繁叶茂、耐修剪、适应性和抗污染力强、病虫害少，不产生或较少产生污染环境的落花、落果等。

7) 防护林带

工厂在生产过程中常引起污染，所以应注意在生产区和行政建筑区之间因地制宜地设置防护林带，这对改善厂区周围的生态条件，形成卫生、安全的生活和劳动环境，以及促进职工健康等起着至关重要的作用。工厂防护林带包括卫生防护林带、防风林带和防火林带(图 5-6)。

图 5-6　某工厂周围防护林带效果图

(1)卫生防护林带

卫生防护林带又称防污染隔离林带，设在生产区与居住区或行政建筑区之间，以阻挡来自生产区大气中的粉尘、飘尘，吸滞空气中的有害气体，降低有害物质含量，减弱噪声，改善区域小气候等。卫生防护林带的设置，要根据主要污染物的种类、排放形式，以及污染源的位置、高度、排放浓度和当地气象特点等因素而定。

对于高架污染区(如烟囱)，林带应设在烟体上升高度的 10~20 倍范围内，这个范围为污染最重的地段。对于无组织排放的污染源，林带要就近设置，以便将污染限制在尽可能小的范围内。

林带的设置方向依据常年盛行风向、风频、风速而定。如盛行风向是西北风，有污染的生产区则设在东西方向，而在上风方向建生活区，林带设在生活区与生产区之间；如已经在上风方向设了工厂，生活区在下风向，则须在与风向垂直方向的工厂与生活区中间设置宽阔的防护林带，尽量减少生产区对生活区的污染影响。

在风向频率分散、盛行风不明显的地区，如有两个较强风向呈 180°，则在风频最大风向的下风向设生产区，在上风向设生活区，其间设防护林带；若两个盛行风向呈一夹角，则在非盛行风向风频相差不大的条件下，生活区设在夹角之内，生产区设在对应的方向，其间设立防护林带。

根据《工业企业设计卫生标准》(GBZ 1—2010)，我国目前按照工厂生产性质、规模、排放污染物的数量、对环境污染程度所确定的防护等级，规定了防护林带设计的宽度、条数和间距。

在污染严重、对周围环境影响较大的工厂防护距离内，运用透风林、半透风林、不透风林 3 种结构形式的林带组织防护带，可获得良好的防护效果。具体方法是，在靠近污染源的一侧先设透风林带，有害烟尘通过后，部分受到阻滞，浓度有所降低，然后通过中间的半透风林带时大部分被阻滞、过滤、沉降、吸收，最后留有小部分继续前进扩散，遇到结构严密的小透风林带，基本被阻滞在林带前，于是空气得到净化，达到防止污染扩散的目的。

组成防护林的树种应避免单一，应常绿、落叶树种相结合，乔木、灌木树种相结合，选择抗污力强、吸污力高、生长快的树种。特别是在迎污染源的一侧，必须选用抗污能力强的树种。常见树种有构树、枫杨、喜树、朴树、楝树、泡桐、女贞、柳杉、珊瑚树、侧柏、圆柏、接骨木、臭椿、皂角、海棠、紫穗槐等。

（2）防风林带

防风林带是防止风沙灾害、保护工厂生产和职工生活环境的林带，它与卫生防护林带在设置位置和宽度上有所不同。

因为防护林带的防护范围是有一定限度的，所以防风林应紧靠被保护的工厂车间、作业场、居住区等。防风林带的结构以半透风林带为佳。这种林带上下均匀，能使大部分气流穿过，气流在穿过的过程中与枝叶发生充分的摩擦，气流的能量被大量地消耗。当林带的通透率为 48% 时，其防风效能最高。林带过密或过稀，防风的效果均不佳。

另外，林带的设置走向与位置应根据主导风向而定。一般与主导风向成 90° 或不低于 45° 夹角，并根据主导风向选择树种的栽植形式。

（3）防火林带

在石油化工、化学、冶炼等易燃易爆产品的生产车间、作业场地，为确保安全生产，减少事故损失，应设防火林带。防火林带的类型有纯林带型、结合设施型和地形利用型 3 种。防火林带由不易燃烧、萌生能力强的防火、耐火树种组成。常见的有珊瑚树、厚皮香、山茶、油茶、罗汉松、夹竹桃等。

5. 工厂绿地的树种选择

1）树种选择原则

（1）识地识树，适地适树

因地制宜，选择合适树种。不同的植物有着不同的生长习性，对于生长环境也有不同的生长要求；不同类别的工厂绿地，在选择绿化树种时，要根据实际情况，适时适地地进行。

识地识树就是要对拟绿化的工厂绿地的环境条件有清晰的认识和了解，包括温度、湿度、光照等气候条件和土层厚度、土壤结构和肥力、pH 等土壤条件，还要对各种园林植物的生物学和生态学特征了如指掌。适地适树就是根据绿化地段的环境条件选择植物，使环境适合植物生长，也使植物能适应栽植地环境。在识地识树前提下，适地适树地选择植物种类，使之成活率高，生长健壮，获得较强的抗性和耐性、达到良好的绿化效果。

（2）选择抗污染和污染源敏感树种

工厂生产过程中往往产生不同程度的污染，直接影响植物生长，影响绿化效果。选择抗污染树种，可以保证良好的绿化美化效果。通常认为植物长时间生长在有害气体浓度高的环境中，基本上不受害的为抗性强的种类；叶片及植株受害率不超过 25%，有害气体消失后能恢复正常的为抗性较强的种类；受害率在 40% 左右的，为抗性中等的种类；受害率在 60% 左右的，为抗性弱的种类。

在工厂污染源地带，可适量栽植一些预警性植物，即对污染源敏感的植物，以监测环境污染程度。如对二氧化硫敏感植物有苔藓、杜仲、月季，对氟化氢敏感植物有雪松、唐菖蒲。

（3）满足生产要求

工厂的首要任务是发展生产。树种的选择要有利于生产的正常运行，有利于产品质量的提高。

（4）易于繁殖和管理

工厂绿化管理人员有限，宜选择容易繁殖、栽培和管理的植物，如选择乡土树种，可节省人力、物力。

2) 常用植物

（1）针对二氧化硫的植物

①有吸收能力的植物　臭椿、夹竹桃、珊瑚树、紫薇、石榴、菊花、棕榈、牵牛花等。

②有抗性的植物　珊瑚树、大叶黄杨、女贞、广玉兰、夹竹桃、罗汉松、龙柏、槐树、构树、桑树、梧桐、泡桐、喜树、紫穗槐、银杏、美人蕉、紫茉莉、郁金香、仙人掌、雏菊等。

③反应敏感、可用作监测的植物　苹果、梨、羽毛槭、郁李、悬铃木、雪松、油松、马尾松、云南松、湿地松、落叶松、白桦、毛樱桃、贴梗海棠、鳄梨、梅、玫瑰、月季等。

（2）针对氯气的植物

①有吸收能力的植物　银桦、悬铃木、水杉、桃、棕榈、女贞、君迁子等。

②有抗性的植物　黄杨、油茶、山茶、柳杉、日本女贞、枸骨、锦熟黄杨、五角枫、臭椿、高山榕、散尾葵、香樟、北京丁香、接骨木、构树、合欢、紫荆、木槿、大丽菊、蜀葵、百日草、千日红、紫茉莉等。

③反应敏感、可用作监测的植物　池杉、核桃、木棉、樟子松、紫椴、赤杨。

（3）针对氟化氢的植物

①有吸收能力的植物　美人蕉、向日葵、蓖麻、泡桐、大叶黄杨、女贞、加拿大杨等。

②有抗性的植物　大叶黄杨、蚊母树、海桐、香樟、山茶、凤尾兰、棕榈、石榴、皂荚、紫薇、丝棉木、梓树、木槿、金鱼草、菊花、百日草、紫茉莉等。

③反应敏感、可用作监测的植物　葡萄、杏、梅花、山桃、榆叶梅、紫荆、金丝桃、池杉、白千层、南洋杉等。

（4）针对氨气的植物

①有抗性的植物　女贞、香樟、丝棉木、蜡梅、柳杉、银杏、紫荆、杉木、石楠、石榴、朴树、无花果、皂荚、木槿、紫薇、玉兰、广玉兰等。

②反应敏感、可用作监测的植物　紫藤、小叶女贞、杨树、虎杖、悬铃木、核桃、杜仲、珊瑚树、枫杨、木芙蓉、栎树、刺槐等。

（5）针对乙烯的树种

①有抗性的植物　夹竹桃、棕榈、悬铃木、凤尾兰、黑松、女贞、榆树、枫杨、重阳木、乌桕、红叶李、柳树、香樟、罗汉松、白蜡等。

②反应敏感、可用作监测的植物　月季、'十姐妹'蔷薇、大叶黄杨、苦楝、刺槐、臭椿、合欢、玉兰等。

（6）针对臭氧的植物

①有吸收能力的植物　银杏、柳杉、日本扁柏、香樟、海桐、青冈栎、日本女贞、夹竹桃、栎树、刺槐、悬铃木、连翘、冬青等。

②有抗性的植物　枇杷、黑松、海州常山、八仙花、鹅掌楸等。

（7）防火树种

山茶、油茶、海桐、冬青、蚊母树、八角金盘、女贞、杨梅、厚皮香、白榄、珊瑚树、枸骨、罗汉松、银杏、槲栎、栓皮栎、榉树等。

（8）滞尘能力强的树种

榆树、朴树、梧桐、泡桐、臭椿、龙柏、夹竹桃、构树、桑树、紫薇、楸树、刺槐、白杜等。

（9）有较强杀菌能力的树种

黑胡桃、柠檬桉、大叶桉、苦楝、白千层、臭椿、悬铃木、茉莉花、薜荔以及樟科、芸香科、松科、柏科的一些植物。

🍃 任务实施

1. 案例调查与研究

以分组的形式（表5-2），每组3~4人，选择所在城市的一个相似案例，通过查阅文献等方法，了解案例所在区域的社会环境、人文环境、周围环境，以及工厂绿地的设计思想。然后携带简单的测量、制图工具对选择案例进行场地勘察，通过实地调查获得工厂绿地设计的资料，经过分析深入理解工厂绿地设计的具体内容。

表5-2　小组工作计划和分工情况

小组名称		工作任务	工厂绿地设计	组长	
调研任务分工		成员		分工	

表 5-3　工厂绿地设计案例分析评价表

小组名称		总分	
1. 条件分析与案例选择(每项 5 分, 共 15 分)			评分
基地条件分析合理			
条件问题指向明确			
案例选取得当			
2. 案例资料收集(每项 5 分, 共 10 分)			评分
项目背景及其环境(业主) 条件有所交代			
实景图像与必要的图纸资料清晰可读			
3. 案例分析与总结(每项 10 分, 共 50 分)			评分
能找到符合要求的案例			
对所用案例进行简明全面的介绍			
对案例的相关条件进行充分分析, 提出自己的评价和理解			
对案例说明问题作出有序总结			
能提出有利于下一步方案设计的启发性要点			
4. 图面表达与编排(每项 5 分, 共 15 分)			评分
分析图表达清晰, 可读性强			
PPT 内容前后条理性强			
画面构图均衡, 文字编排适宜			
5. 现场汇报与互动(每项 5 分, 共 10 分)			评分
内容组织连贯, 讲述条理性强			
口头表达能力强, 与听众有良好的沟通和互动			

在研习案例的基础上, 每组完成一份案例分析报告, 并以 PPT 等形式进行汇报, 然后对其进行评价(表 5-3)。

2. 工厂绿地规划设计

每人独立完成一个完整的工厂绿地设计方案, 手绘出图。

图纸要求为 A1 图纸 2 张, 内容包括: 设计说明、总平面图、立面图、分析图、局部节点效果图、鸟瞰图。

🌿 考核评价

姓名		工作任务		×××工厂设计							
序号	考核项目	考核内容	等级				分值			
			A	B	C	D	A	B	C	D
1	态度	态度认真，积极主动，操作仔细，记录认真	好	较好	一般	较差	10	8	6	4
2	设计内容	设计科学合理，符合绿地设计的基本原则，具有可达性、功能性、亲和性、系统性和艺术性	好	较好	一般	较差	20	16	12	8
3	综合应用能力	结合环境综合考虑，满足功能和安全需求，充分考虑植物的生态习性和对种植环境的要求，通过植物配置创造四季景观，同时结合区域文化构筑具有一定标识性的绿地景观空间	好	较好	一般	较差	30	25	15	10
4	设计成果	设计图纸规范，内容完整、真实，具有很强的可行性，独立按时完成	好	较好	一般	较差	25	20	15	8
5	能力创新	表现突出，内容完整，立意创新	好	较好	一般	较差	15	10	8	4
合计得分										

任务 5-2　医疗机构绿地设计

工作任务

【任务描述】

如图 5-7 所示为某医院平面图，长 250m，宽 172m。请以"林荫花园"为主题，结合内部环境、服务对象、功能性质，确定绿地的出入口、布局形式等，完成一套完整的医疗机构绿地设计方案。

要求立意明确，风格独特，体现医院的文化内涵，图纸绘制规范。

【任务分析】

首先了解医院绿地的服务对象，分析设计用地的周边环境，确定医院绿地设计的立意、风格。再结合医院绿地设计的原则和设计要点，确定医院绿地设计方案，完成医院绿地设计图的绘制。

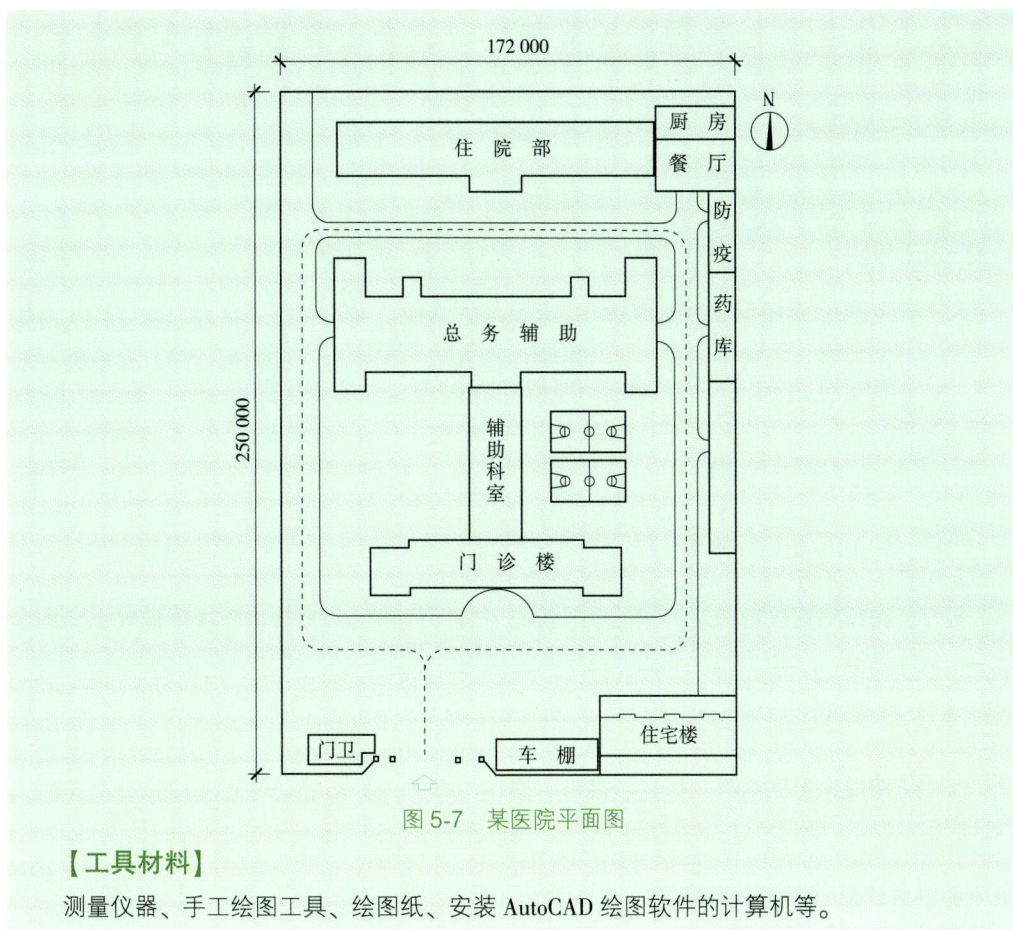

图 5-7　某医院平面图

【工具材料】

测量仪器、手工绘图工具、绘图纸、安装 AutoCAD 绘图软件的计算机等。

📗 知识准备

随着医疗事业的蓬勃发展，医院环境的绿化、美化越来越引起人们的关注。医疗机构附属绿地（以下简称医疗机构绿地）主要是指医疗机构用地中供患者及疗养人员治疗与休养的室外公共绿地。其主要功能是满足患者或疗养人员游览、休息的需要，起着治疗、卫生和精神安慰的作用，可利用一些天然的疗养因子，达到预防和治疗疾病的目的，为医疗机构创造安静优雅的绿化环境。

1. 医疗机构的类型

1）综合性医疗机构

综合性医疗机构一般设有内科、外科等各科的门诊部和住院部，医疗门类较齐全、可治疗各种疾病。

2）专科医疗机构

专科医疗机构是设某一科或几个相关科的医疗机构，医疗门类较单一，专治某种或几种疾病，如心血管医院、妇产医院、儿童医院、口腔医院、结核病医院、传染病医院和精神病医院等。传染病医院及需要隔离的医院一般设在城市郊区。

3) 小型卫生院、所

小型卫生院、所是指设有内科、外科等各科门诊的卫生院、卫生所和诊所。

4) 休(疗)养院

休(疗)养院是指用于恢复工作疲劳，增进身心健康，预防疾病或治疗各种慢性病的休养院、疗养院，是具有特殊治疗效果的医疗保健机构，主要治疗各类慢性病，疗养期一般较长，多为一个月至半年。

2. 医疗机构绿地的作用

1) 改善医疗机构的小气候

医疗机构绿地对改善医院周围的小气候有着良好的作用，主要体现在降低气温、调节湿度、减低风速、遮挡烟尘、减弱噪声、杀灭细菌等。

2) 为病人创造良好的户外环境

医疗机构绿地提供观赏、休息、健身、交往、疗养等多功能的绿色空间，有利于病人早日康复。

3) 对病人心理产生积极作用

医疗单位优雅、安静的绿化环境可以对病人的心理、精神和情绪起到良好的安定作用。置身于绿树花丛中，沐浴明媚的阳光，呼吸清新的空气，感受鸟语花香，这种自然疗法，对稳定病人的情绪、放松大脑神经、促进康复都有着十分积极的作用。

4) 卫生防护隔离作用

医疗机构不同区域之间都需要隔离，而乔灌木的合理配置，能起到有效的卫生防护、隔离的作用。需要注意的是传染病医院的周围也需要隔离。

3. 医疗机构绿地的设计原则

1) 一致性

医疗机构绿地应与医疗机构的建筑布局相一致，除建筑之间应设一定的绿化空间外，还应在院内，特别是住院部留有较大的绿化空间，建筑与绿化布局紧凑，方便病人治病和检查身体。

2) 识别性

由于初诊病人对医疗机构的整体布局不熟悉，加之看病需要在不同建筑间往返，因此建筑前后绿化不宜过于闭塞，病房、诊室都要便于识别，如在建筑前做一些特殊造型的平面图案或立体造型等。

3）功能性

医疗机构绿地的功能可分为物理作用和心理作用。

医疗机构绿地的物理作用是指通过调节气候、净化空气、减弱噪声、防风防尘、抑菌杀菌等，调节环境的物理性质，使环境处于良性的、宜人的状态。树种选择以常绿树为主，可选用云杉、悬铃木、白皮松、樟树、雪松等杀菌力强的树种及红豆杉、槐树、香椿、桂花等药用类经济树种。

医疗机构绿地的心理作用是指病人处在绿地环境中，其感官受到刺激产生宁静、安逸、愉悦等良好的心理反应和效果。

通常全院绿化面积占总用地面积的 70% 以上，才能为患者创造舒适、清洁、优美的医疗环境。

4. 医疗机构绿地的设计内容及要求

1）综合性医疗机构绿地

（1）门诊部绿化设计

门诊部一般靠近医疗机构主要出入口，与城市街道相邻，是城市街道与医疗机构的接合部，人流比较集中，在大门内外、门诊楼前要留出一定的交通缓冲地带和集散广场。医疗机构大门至门诊楼之间的空间组织和绿化，不仅起到卫生防护隔离作用，还有衬托、美化门诊楼和市容街景的作用，体现医疗机构的精神面貌、管理水平和城市文明程度。因此，应根据医疗机构条件和场地大小，因地制宜地进行绿化设计，设计理念以美化装饰为主（图 5-8）。

①入口广场　在不影响人流、车辆交通的条件下，广场可设置装饰性花坛、花台和草坪，有条件的还可设置水池、喷泉和主题雕塑等，形成开朗、明快的格调。

②广场周围　可栽植整形绿篱、草坪、花灌木。节日期间，也可用一、二年生花卉做重点美化装饰，或结合停车场栽植高大遮阳乔木。医疗机构的临街围墙以通透式为主，使医疗机构内外绿地交相辉映，围墙与大门形式协调一致，宜简洁、美观、大方，色调淡雅。若空间有限，围墙内可结合广场周边作条带状基础栽植。

③门诊楼建筑周围　绿化风格应与建筑风格协调一致，美化衬托建筑形象。门诊楼前绿化应以草坪、绿篱及低矮的花灌木为主，乔木应在距建筑 5m 以外栽植，以免影响室内通风、采光及日照。门诊楼后常因建筑遮挡，形成阴面，光照不足，要注意选择配

图 5-8　某医院入口绿化效果图

置耐阴植物，保证良好的绿化效果，如天目琼花、金丝桃、珍珠梅、金银木、绣线菊、海桐、大叶黄杨、丁香等，以及玉簪、紫萼、书带草、麦冬、白三叶、冷季型混播草坪等。

（2）住院部绿化设计

住院部常位于门诊部后、医疗机构中部较安静地段。住院部庭院要精心布置，根据场地大小、地形地势、周围环境等情况，确定绿地形式和内容，结合道路、建筑进行绿化设计，创造安静优美的环境，供病人室外活动及疗养。

①住院部周围小型场地　在绿化布局时，一般采用规则式构图，绿地中设置整形广场，广场内以花坛、水池、喷泉、雕塑等作中心景观，周边放置座椅、桌凳、亭廊、花架等休息设施。广场、小径尽量平缓，采用无障碍设计，硬质铺装，以利于病人出行活动。绿地种植草坪、绿篱、花池及少量遮阳乔木。

这种小型场地，环境清洁优美，可供病人休息、赏景、活动，兼作日光浴场，也是亲属探视病人的室外接待处（图5-9）。

②住院部周围较大面积场地　可采用自然式的布局手法（图5-10），利用原地形和水体，稍加改造形成平地或微起伏的缓坡冈阜和蜿蜒曲折的湖池、园路，点缀园林建筑小品，配置花草树木，形成优美的自然式庭院。一般病房与传染病房要种植30m宽的植物进行隔离。

图5-9　住院部周围小型场地绿化　　　图5-10　住院部周围较大面积场地绿化

总之，住院部植物配置要有丰富的色彩和明显的季相变化，使长期住院的病人能感受到自然界季节的交替，调节情绪，提高疗效。

（3）其他区域绿化设计

其他区域包括辅助医疗的药库、制剂室、解剖室、太平间，以及总务部门的食堂、浴室、洗衣房及宿舍区。这些区域往往位于医疗机构后部，单独设置，绿化要强化隔离作用。太平间、解剖室应单独设置出入口，并处于病人视野之外，周围用常绿乔灌木密植隔离。手术室、化验室、放射科周围绿化应防止西晒，保证通风采光，不能种植有茸毛飞絮的植物。总务部门的食堂、浴池及宿舍区也要和住院部有一定距离，用植物进行隔离，为医务人员创造一定的休息、活动环境。

2）专科医疗机构绿地

（1）儿童医院绿化

儿童医院主要收治14周岁以下的儿童患者。其绿地除具有综合性医疗机构的功能外，还要考虑儿童的一些特点。如绿篱高度不超过80cm，以免阻挡儿童视线，绿地中适当设置儿童活动场地和游戏设施。在植物选择上，注意色彩搭配，避免选择对儿童有伤害的植物。

儿童医院绿地中设计的儿童活动场地、设施、装饰图案和园林小品，其形式、色彩、尺度都要符合

图 5-11 儿童医院绿化

儿童的心理和需要，富有童心和童趣，要以优美的布局形式和绿化环境，创造活泼、轻松的气氛，减弱患者对医院和疾病的心理压力(图5-11)。

(2)传染病医院绿化

传染病医院收治各种急性传染病的患者，更应突出绿地的防护隔离作用。防护林带要宽于一般医疗机构，同时常绿树的比例要更大，使冬季也具有防护作用。不同病区之间要相互隔离，避免交叉感染。由于病人活动能力弱，以散步、下棋、聊天为主，各病区绿地面积不宜太大，休息场地应距离病房近一些，方便利用。

(3)精神病医院绿化

精神病医院主要收治有精神疾病的患者，由于艳丽的色彩容易使病人精神兴奋、神经中枢失控，不利于治疗和康复，因此，精神病医院绿地设计应突出宁静的气氛，以白色、绿色调为主，多种植常绿乔木，并选种如白丁香、白碧桃、白月季、白牡丹等开白色花的灌木。在住院部周围面积较大的绿地中，可布置休息庭园，让病人在此感受阳光、空气等自然气息。

3) 休(疗)养院绿地

休(疗)养院具有休息和医疗保健双重作用，多设于环境优美、空气新鲜，并有一些特殊治疗条件(如温泉)的地段，有的单独设置，有的休(疗)院就设在风景区中，如武汉职工疗养院坐落在武汉市蔡甸区知音湖度假区，距武汉市中心16km，交通十分方便。该疗养院占地160亩*，嬉水面积200亩，建筑面积20 000m²，绿化覆盖率达80%以上。

休(疗)养院的疗养方式是以自然因素为主，如气候疗法(日光浴、空气浴、海水浴、沙浴等)、矿泉疗法、泥疗、理疗以及与中医相配合。因此，在进行环境和绿化设计时，应结合各种疗法如日光浴、空气浴、森林浴，布置相应的场地和设施，并与环境相融合。

休(疗)养院与综合性医疗机构相比，一般规模与面积较大，尤其有较大的绿化区，因此更应发挥绿地的功能作用，院内不同功能区应以绿化带加以隔离。休(疗)养院内植物的布置要衬托、美化建筑，使建筑内阳光充足、通风良好，并防止西晒，留有风景透视线，以供病人在室内远眺观景。

---

* 1亩≈667m²。

5. 医疗机构绿地的树种选择

在医疗机构绿地设计中，合理地选择、配置树种，对树木发挥应有的功能起着至关重要的作用。在医疗机构绿地设计中，树种的选择主要从以下两个方面进行。

（1）选择杀菌力强的树种

具有较强杀菌能力的常见树种有：侧柏、圆柏、雪松、白皮松、马尾松、黑松、大叶黄杨、月桂、合欢、刺槐、国槐、紫薇、广玉兰、木槿、楝树、茉莉、女贞、日本女贞、丁香、悬铃木、石榴、枣树、枇杷、石楠、麻叶绣球、垂柳、栾树、臭椿及蔷薇科的一些植物等。

（2）选择经济类树种

医疗机构可选用的果树类、药用类等经济树种有：山楂、核桃、海棠、金银花、连翘、丁香、枸杞、丹参、鸡冠花、藿香、柿树、石榴、梨、杜仲、红豆杉、槐树、山茱萸、白芍药等。

🍃 任务实施

1. 案例调查与研究

以分组的形式（表5-4），每组3~4人，选择所在城市的一个相似案例，通过查阅文献等方法，了解案例所在区域的社会环境、人文环境、周围环境，以及医疗机构绿地的设计思想。然后携带简单的测量、制图工具对选择案例进行场地勘察，通过实地调查获得医疗机构绿地设计的资料，经过分析深入理解医疗机构绿地设计的具体内容。

表5-4　分工情况

小组名称		工作任务	医疗机构绿地设计	组长	
调研任务分工		成员	分工		

要求在研习案例的基础上，每组完成一份案例分析报告，并以PPT等形式进行汇报，然后对其进行评价（表5-5）。

表5-5　医疗机构绿地设计案例分析评价表

小组名称		总分	
1. 条件分析与案例选择（每项5分，共15分）			评分
基地条件分析合理			

（续）

条件问题指向明确	
案例选取得当	
2. 案例资料收集（每项 5 分，共 10 分）	评分
项目背景及其环境（业主）条件有所交代	
实景图像与必要的图纸资料清晰可读	
3. 案例分析与总结（每项 10 分，共 50 分）	评分
能找到符合要求的案例	
对所用案例进行简明全面的介绍	
对案例的相关条件进行充分分析，提出自己的评价和理解	
对案例说明问题作出有序总结	
能提出有利于下一步方案设计的启发性要点	
4. 图面表达与编排（每项 5 分，共 15 分）	评分
分析图表达清晰，可读性强	
PPT 内容前后条理性强	
画面构图均衡，文字编排适宜	
5. 现场汇报与互动（每项 5 分，共 10 分）	评分
内容组织连贯，讲述条理性强	
口头表达能力强，与听众有良好的沟通和互动	

2. 医疗机构绿地规划设计

　　每人独立完成一个完整的医疗机构绿地设计，手绘出图。

　　图纸要求为 A1 图纸 2 张，内容包括设计说明、总平面图、立面图、分析图、局部节点效果图、鸟瞰图。

🍃 考核评价

姓名		工作任务		×××医疗机构绿地设计							
序号	考核项目	考核内容		等级				分值			
				A	B	C	D	A	B	C	D
1	工作态度	态度认真，积极主动，操作仔细，记录认真		好	较好	一般	较差	10	8	6	4
2	设计内容	设计科学合理，符合绿地设计的基本原则，具有可达性、功能性、亲和性、系统性和艺术性		好	较好	一般	较差	20	16	12	8

（续）

序号	考核项目	考核内容	等级				分值			
			A	B	C	D	A	B	C	D
3	综合应用能力	结合环境综合考虑，满足功能和安全需求，充分考虑植物的生态习性和对种植环境的要求，通过植物配置创造四季景观，同时结合区域文化构筑具有一定标识性的绿地景观空间	好	较好	一般	较差	30	25	15	10
4	设计成果	设计图纸规范，内容完整、真实，具有很强的可行性，独立按时完成	好	较好	一般	较差	25	20	15	8
5	能力创新	表现突出，内容完整，立意创新	好	较好	一般	较差	15	10	8	4
合计得分										

任务 5-3 校园绿地设计

工作任务

【任务描述】

图 5-12 所示为某校园平面图，该绿地长 120m，宽 100m，请结合周边环境、服务对象、功能和性质，确定校园的出入口、布局形式等，完成一套完整的校园绿地设计方案。

要求立意明确，风格独特，体现校园的文化内涵，图纸绘制规范。

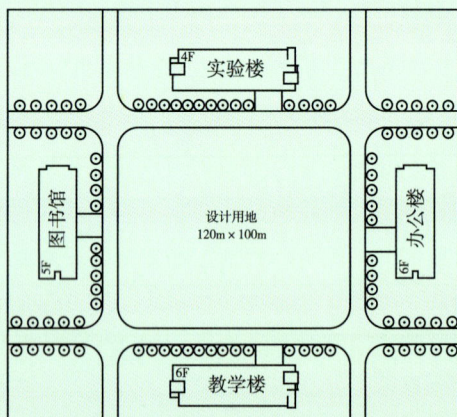

图 5-12 某校园平面图

【任务分析】

首先了解校园绿地的服务对象、分析设计用地的周边环境，确定校园绿地设计的立意、风格。再结合校园绿地设计的原则和设计要点，确定校园绿地设计方案，完成校园绿地设计图的绘制。

【工具材料】

测量仪器、手工绘图工具、绘图纸、安装绘图软件的计算机等。

🍃 知识准备

校园附属绿地(以下简称校园绿地)是单位附属绿地中的一个重要组成部分,随着国家对教育事业的重视和对教育投入的逐渐增加,学校环境建设也更加受到人们的关注。校园绿地设计的主要目的是创造浓荫覆盖、花团锦簇、绿草如茵、清洁卫生、安静清幽的学校环境,从而为师生们的工作、学习和生活提供良好的环境景观和场所。

根据我国目前的教育体系,学校教育可分为学前教育、初等教育、中等教育和高等教育。学校规模、教育层次、学生年龄的不同,其绿化建设也有很大的差异。通常情况下,中小学校园绿地无论是从设计还是从功能角度来讲都比较简单,而高等院校校园绿地设计及功能要求都比较复杂。

1. 校园绿地的特点

1) 建筑功能多样

不同类型的学校其规模大小、建筑类型各不相同,如教学楼、实验楼、办公楼、宿舍、食堂等,也有集教学楼、实验楼和办公楼于一体的。园林绿化要能创造出符合各种建筑功能的绿化美化环境,使多种多样、风格不同的建筑形体统一在绿化的整体之中,并使人工建筑景观与绿色的自然景观协调统一,艺术性、功能性与科学性协调一致。各处绿化应相互渗透、相互结合,使整个校园不仅环境质量良好,而且有整体美的风貌。

2) 师生员工集散性强

在校学生上放学、上下课、集会等活动频繁集中,需要有满足较大人流聚散的场地。校园绿地要适应这一特点,创造一定的集散活动空间,否则优美良好的园林绿化环境会因为不适应学生活动需要而遭到破坏。其绿地设计要以植物造景为主,选择无毒无刺、无污染和无刺激性异味的树种,以对人体健康无损害的植物为宜;力求实现彩化、香化、富有季相变化的自然景观,以达到陶冶情操、促进身心健康的目的。

2. 校园绿地的功能

1) 创造优美的学习环境

通过绿化、美化,可以陶冶学生情操,激发学生学习热情。例如,利用绿地开辟英语角、读书廊等活动场所,可以丰富学生的生活,提高学生的学习兴趣。校园绿地应力争在有限的空间范围内,为师生创造一个可供人观赏、学习、居住、游憩的优美环境(图 5-13)。

图 5-13   某校园整体效果图

图 5-14   北京林业大学阅读交流区

2) 提供交往空间

学习需要多渠道、全方位的交流，校园绿化应为教师与学生、学生与学生之间的广泛交流提供空间(图 5-14)。

3) 丰富学生的科学知识

校园内大量的植物材料，可以丰富学生的科学知识，提高学生认识自然的能力。尤其高等院校，这种作用更加明显。校园内树种丰富，通过挂牌标明树种，使整个校园成为认知植物的学习园地。

4) 帮助学生树立正确的人生观

校园绿地是学校精神和文化的物质载体。通过在校园内建造有纪念意义的雕塑、小品，种植有纪念意义的树木等，可对学生进行爱国爱校教育。优美的校园环境(图 5-15)对师生具有凝聚、激励和导向作用，使师生对学校产生一种归属感、责任感和自豪感，激发

图 5-15   深圳龙华清泉外国语学校绿化环境鸟瞰图

师生奋发向上、孜孜求学、爱国爱校的精神，引导师生的思想行为向健康、文明的方向发展，这都有利于学生形成优良的品德和正确的人生观。

3. 校园绿地的设计原则

1）多用绿色植物原则

学校绿地应为师生创造舒适、清洁、美观、充满活力的环境，因此，在学校绿化建设中，应以植物造景为主，用大量的绿色植物来表现校园的雅静和勃勃生机，绿地率不得低于35%。过于色彩缤纷、富丽斑斓的景观则难以与学校的教学氛围相协调。

2）顺应群体行为原则

学校活动的主体是教师和学生，在设计时应充分把握其时间性、群体性的行为规律。如大礼堂、食堂、教学楼等人流较多的区域，绿地中应多设捷径，如汀步，园路也应适当宽些。

3）与学校性质和特点相结合原则

校园绿地设计除遵循一般的园林绿化原则之外，还要与学校性质、层次、类型相符，即考虑该校学生年龄及教学、科研、实验、生产等要求。

4）植入校园文化原则

校园绿地设计应充分挖掘学校的历史和文化内涵可以在绿化中适当设计小品，将绿化与文化有机地结合起来，提高绿地的艺术品位和文化内涵。

园林绿地以表现自然景观为主题，将自然环境引入城市和学校，与建筑、道路等人工环境相协调，其特色表现在园林绿地的形式与内容的独创性、乡土树种和植物季相变化诸方面。例如，由爱国华侨领袖陈嘉庚先生创办的厦门大学，拥山临海，古朴的闽南侨乡建筑、郁郁葱葱的南国植物都体现了校园文化(图5-16)；武汉大学校园内春季盛开的樱花与珞珈山旁中西合璧的早期民国建筑体现了古朴典雅，历史悠久的校园文化(图5-17)，这些都是学校乃至学校所在城市富有特色的景观，常吸引游客前去观赏。

图 5-16　厦门大学

图 5-17　武汉大学赏樱楼

4. 校园绿地的设计内容及要求

1) 校前区绿地

校前区主要是指学校大门、出入口与办公楼、教学主楼之间的空间，也称作学校的前庭，是大量行人、车辆的出入口，具有交通集散功能，同时起着展示学校标识、校容校貌及形象的作用，一般有一定面积的广场和较大面积的绿化区，是学校重点绿化美化的地段之一。校前区的绿化要与大门建筑形式相协调，以装饰功能为主，衬托大门及建筑，突出庄重典雅、朴素大方、简洁明快、安静优美的校园环境（图 5-18）。

绿地设计以规则式绿地为主（图 5-19），以校门、办公楼或教学楼为轴线，大门外使用花灌木形成活泼而开朗的景观，两侧可用藤本植物进行配置。在学校围墙处，可选用乔灌木带状布置，或以速生树种形成校园外围林带。大门外的绿化既要与街景一致，又要体现学校特色。

| 图 5-18　清华大学入口设计 | 图 5-19　武汉大学入口规则式设计 |

大门内可在轴线上布置广场、花坛、水池、喷泉、雕塑和主干道。轴线两侧对称布置装饰或休憩绿地（图 5-20）。在开阔的草地上种植树丛，点缀花灌木，自然活泼；或植草坪及整形修剪的绿篱、花灌木，低矮开朗，富有图案装饰效果。在主干道两侧种植高大、挺拔的行道树，外侧适当种植绿篱、花灌木，形成开阔的林荫大道。

2) 教学科研区绿地

教学科研区绿地主要满足全校师生教学、科研的需要，提供安静优美的环境，也为学生创造进行课间活动的绿色室外空间。

教学科研区一般包括教学楼、实验楼、图书馆、大礼堂以及行政办公楼等建筑。

教学科研主楼前的广场设计，一般以大面积铺装为主（图 5-21），可结合花坛、草坪，布置喷泉、雕塑、花架、园灯等园林小品，体现简洁、开阔的景观特色（有的学校主广场就是校前区的一部分）。

教学楼周围的基础绿带，在不影响楼内通风采光的条件下，可种植落叶乔灌木。为满足学生休息、集会、交流等活动的需要，教学楼之间的广场空间应注意体现其开放性、综

图 5-20　校前区绿地设计效果图

图 5-21　某教学楼入口广场设计

合性的特点，并具有良好的尺度和景观，即以乔木为主、花灌木点缀。绿地平面布局上要注意其组团构成和线形设计，以丰富的植物及色彩，形成适合师生在楼上俯视的画面；立面要与建筑相协调，并衬托美化建筑，使绿地成为该区空间的休闲主体和景观的重要组成部分。

实验楼的绿化与教学楼相同，还要根据不同实验室的特殊要求，在选择树种时，综合考虑防火、防爆及空气洁净程度等因素。

图书馆是图书资料的贮藏之处，为师生教学、科研活动服务，也是学校标志性建筑，绿化以草坪、树林或花坛为主，营造出安静雅致的读书氛围(图 5-22)。

图 5-22　兰州理工大学图书馆周边绿化

大礼堂是集会的场所，正面入口前设置集散广场(图 5-23)，绿化与校前区相同，但其空间较小，内容相应简单。礼堂周围的基础栽植以绿篱和装饰树种为主。礼堂外围可根据道路和场地大小，布置草坪、树林或花坛，以便人流集散。

3) 生活区绿地

为方便师生学习、工作和生活，校园内设置有生活区和各种服务设施，该区是丰富多彩、生动活泼的区域。生活区绿化应以校园绿化基调为前提，根据场地大小，兼顾交通、休息、活动、观赏诸功能，因地制宜进行设计。食堂、浴室、商店、银行前要留有一定的交通集散及活动场地，周围可做基础绿带，活动场地中心或周边可设置花坛或种植庭荫树。

学生宿舍区绿化可根据楼间距，结合楼前道路进行设计。楼间距较小时，在楼梯口之

图 5-23   大礼堂集散广场

图 5-24   封闭式观赏绿地

图 5-25   庭院式休闲绿地

图 5-26   某学校足球场周边绿化

间只进行基础栽植或硬化铺装。场地较大时，可结合行道树，形成封闭式的观赏绿地（图 5-24），或布置成庭院式休闲绿地（图 5-25），铺设小路，并设花坛、花架、基础绿带和庭荫树，形成良好的学习、休闲场地。

4) 体育活动区绿地

在体育活动区四周栽植高大乔木（图 5-26），下层配置耐阴的花灌木，形成一定层次和密度，能有效地遮挡夏季阳光的照射和冬季寒风的侵袭，减弱噪声对外界的干扰。

为保证运动员及其他人员的安全，运动场四周可设围栏。在适当处设置坐凳，供人们观看比赛，设坐凳处可植乔木遮阳。

室外运动场的绿化不能影响体育活动和比赛，以及观众的通视，应严格按照体育场地及设施的有关规范进行。

体育馆建筑周围应因地制宜地进行基础绿带绿化。

5) 道路绿化

主体干道较宽（可达 12~15m），两侧可种植高大乔木，树下可以铺设草坪或铺装，在高大乔木之间适当种植绿篱、花灌木，也可以搭配一些草本花卉。在道路中间还可以设置

1~2m 宽的绿化带，用矮篱或装饰性围栏圈边，中间铺设草坪，适当点缀整形树和草本花卉。区域之间环道较主体干道要窄一些，一般为 5~6m，在道路两侧栽植整形树和庭荫树，在庭荫树之间可以点缀一些花灌木和草本花卉，适当设置一些坐凳，树下铺设草坪或铺装，以提高其观赏效果和便于行人休息。区域内部的甬道一般为 1~2m 宽，路面为铺装，路边有路牙石或装饰性矮围栏、矮篱，与本区的其他绿化形成协调统一的整体美。具体可参阅项目 4 中交通绿地有关内容。

6）休憩游览绿地

在校园的重要地段设置休憩游览绿地（图 5-27），供师生休息、观赏、游览和读书。另外，校园中的花圃、苗圃、气象观测站等科学实验园地，以及植物园、树木园也可以园林形式布置成休憩游览绿地。

图 5-27　小游园设计

休憩游览绿地设计的构图形式、内容及设施，要根据场地地形地势、周围道路、建筑等环境综合考虑，因地制宜地进行。例如，自然式的小游园，常与乔灌木相结合，用乔灌木丛进行空间分隔与组合，并适当配置草坪，多为疏林草地或林边草坪等。可利用自然地形挖池堆山设置涌泉、瀑布，既创造了水面动景，又形成了山林景观。园中也可设置各种花架、花境、石椅、石凳、花台、花坛、小水池、假山，但其形态特征必须与自然式的环境相协调。休憩游览绿地的外围可以设置绿墙，在绿墙上修剪出景窗，使园内景物若隐若现，别有情趣。中小学的休憩游览绿地还可设计为植物学教学或劳动园地。

7）后勤服务区绿地

后勤服务区绿地设计与生活区相同，还要考虑水、电、热力及各种气体动力站、仓库、维修车间等管线和设施对绿化的特殊要求，在选择配置树种时，综合考虑防火、防爆等因素。

🌿 任务实施

1. 案例调查与研究

以分组的形式（表 5-6），每组 3~4 人，选择所在城市的一个相似案例，通过查阅文献等方法，了解案例所在区域的社会环境、人文环境、周围环境，以及校园绿地的设计思想。然后携带简单的测量、制图工具对选择案例进行场地勘察，通过实地调查获得校园绿地设计的资料，经过分析深入理解校园绿地设计的具体内容。

表 5-6　分工情况

小组名称		工作任务	校园绿地设计	组长	
		成员		分工	
调研任务分工					

要求在研习案例的基础上，每组完成一份案例分析报告，并以 PPT 等形式进行汇报，然后对其进行评价 (表 5-7)。

表 5-7　校园绿地设计案例分析评价表

小组名称	总分	
1. 条件分析与案例选择 (每项 5 分，共 15 分)		评分
基地条件分析合理		
条件问题指向明确		
案例选取得当		
2. 案例资料收集 (每项 5 分，共 10 分)		评分
项目背景及其环境 (业主) 条件有所交代		
实景图像与必要的图纸资料清晰可读		
3. 案例分析与总结 (每项 10 分，共 50 分)		评分
能找到符合要求的案例		
对所用案例进行简明全面的介绍		
对案例的相关条件进行充分分析，提出自己的评价和理解		
对案例说明问题作出有序总结		
能提出有利于下一步方案设计的启发性要点		
4. 图面表达与编排 (每项 5 分，共 15 分)		评分
分析图表达清晰，可读性强		
PPT 内容前后条理性强		
画面构图均衡，文字编排适宜		
5. 现场汇报与互动 (每项 5 分，共 10 分)		评分
内容组织连贯，讲述条理性强		
口头表达能力强，与听众有良好的沟通和互动		

2. 工厂绿地规划设计

每人独立完成一个完整的校园绿地设计，手绘出图。

图纸要求为 A1 图纸 2 张，内容包括设计说明、总平面图、立面图、分析图、局部节点效果图、鸟瞰图。

🍃 考核评价

姓名		工作任务	×××校园绿地设计							
序号	考核项目	考核内容	等级				分值			
			A	B	C	D	A	B	C	D
1	态度	态度认真，积极主动，操作仔细，记录认真	好	较好	一般	较差	10	8	6	4
2	设计内容	设计科学合理，符合绿地设计的基本原则，具有可达性、功能性、亲和性、系统性和艺术性	好	较好	一般	较差	20	16	12	8
3	综合应用能力	结合环境综合考虑，满足功能和安全需求，充分考虑植物的生态习性和对种植环境的要求，通过植物配置创造四季景观，同时结合区域文化构筑具有一定标识性的绿地景观空间	好	较好	一般	较差	30	25	15	10
4	设计成果	设计图纸规范，内容完整、真实，具有很强的可行性，独立按时完成	好	较好	一般	较差	25	20	15	8
5	能力创新	表现突出，内容完整，立意创新	好	较好	一般	较差	15	10	8	4
合计得分										

🍃 巩固训练

图 5-28 所示为总占地约 5770m² 的学校一角，请以现代校园设计为主题，利用校园绿地设计相关知识完成该项目中的绿地设计方案。要求提交 A2 图纸两张，包括 300 字设计说明、平面图、立面图、效果图、植物配置图、园林小品设计图(平面图、立面图、效果图)比例自定，表达方式不限。

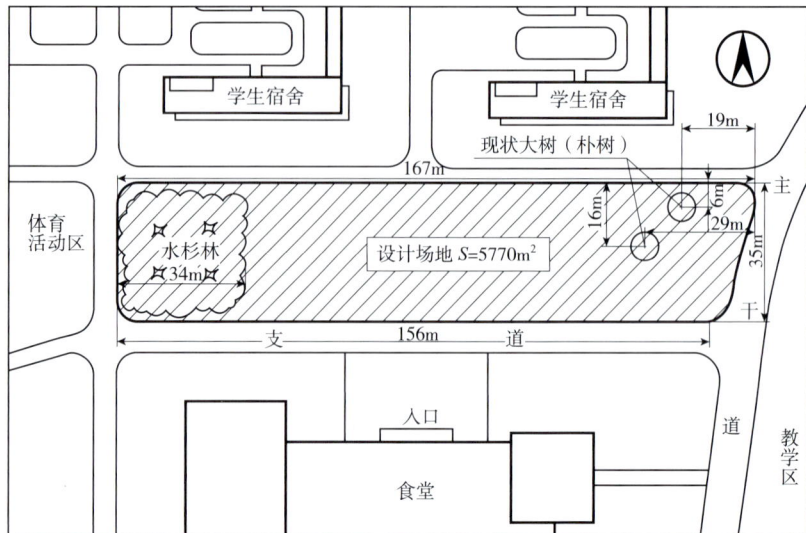

图 5-28　某校园绿地平面图

知识拓展

1. 幼儿园绿地设计

幼儿园是儿童启蒙教育场所，幼儿园的环境空间在幼儿教育中起着重要的作用。室外环境的景观丰富性及功能的完整性正是幼儿成长所需要的，基于幼儿发育的特点，幼儿园应设在无污染、通风好、日照佳、排水通畅、交通安全方便的地方。

1）幼儿园绿地设计原则

（1）安全性原则

幼儿园阶段的孩子在骨骼等各方面都还处于发育时期，缺乏生活学习经验，没有充分的安全防范意识。因此，安全性原则是幼儿园绿地设计最基本的原则，例如，应该选择安全无毒害的植物、环保材料，基础设施的设置也要注意高度等方面，以求最大限度地确保幼儿的安全。

（2）遵循自然原则

在幼儿园绿地设计中应用自然朴实的元素营造景观，少量使用复合材料，更多选择有机材料，利用原有的地形地貌和植物，利用本土植被去引导幼儿认识自然。

（3）特殊性原则

与成人或是其他阶段的孩子相比，幼儿的生理及心理皆有很大差别，因此，在幼儿园绿地设计过程中应注意遵循特殊性原则。例如，幼儿活泼好动、精力旺盛，喜欢鲜艳色彩等，故幼儿园绿地设计形式上讲求自由活泼，以回归自然为基调，安全性、科学性、趣味性和知识性相结合，构建各种充满童趣的活动、休憩空间。

2）幼儿园绿地设计内容及要求

幼儿园一般包括室内活动和室外活动两部分。根据活动要求，室外活动场地又分为公共活动场地、自然科学场地和生活杂务用地等。

（1）室外公共活动场地

幼儿园的室外公共活动场地是儿童游戏活动的地方，也是幼儿园的重点绿化区。该区绿化应根据场地大小，结合各种游戏活动器械的布置，设置适合儿童身心特征、活动尺度的滑梯、花架、水池、沙坑、涂鸦墙等。在活动器械附近，以遮阴的落叶乔木为主，角隅适当点缀花灌木，花基均以圆角处理，活动器械下的铺装应选用海绵砖，以提高安全性。场地应开阔通畅，不能影响儿童活动。

（2）自然科学场地

自然科学场地可以设置菜园、果园及小动物饲养地。目的是培养儿童热爱劳动、热爱科学。有条件的幼儿园可将其设置在全园下风口处的一角，用绿篱隔离，里面种植少量果树、油料植物、药用植物等，或开辟成菜园。还可饲养少量家畜、家禽以供孩子们亲近动植物，感受生命的成长。

（3）周边绿化

在幼儿园周围种植成行的乔灌木，可形成浓密的防护带，起防风、防尘和隔离噪声作用。

3）植物的选择

幼儿园种植的植物种类要考虑儿童的心理特点和身心健康，选择形态优美、色彩鲜艳、适应性强、便于管理的植物，禁用有飞毛、毒、刺及引起过敏的植物，如不宜选用马缨丹、黄刺玫、漆树、凤尾兰等。同时，建筑周围应注意通风采光，5m 内不能种植高大乔木。

2. 机关单位绿地设计

机关单位绿地是城市园林绿地系统的重要组成部分，包括党政机关、行政事业单位、各种团体及部队用地范围内的绿化。

1）机关单位绿地设计原则

（1）以人为本

机关单位绿地设计首先要考虑办公对通风、采光等的要求，同时也要注意建筑构图与植物配置的均衡、绿化植物对建筑的美化作用。植物搭配要简洁大方，树种选择应遵循三季有花、四季常绿的原则，做到适地适树。

（2）庄重友好

机关单位是展示政府执政形象的窗口，进行绿地设计时要为机关单位营造优美、庄重、典雅、友好的工作环境，绿地率不低于35%。

（3）生态环保

机关单位绿地以封闭或半封闭型为主，植物配置应体现景观性、适用性，乔、灌、草复层配置，以丰富的绿化层次和四季景观改善局部生态环境。

2) 机关单位绿地设计内容及要求

（1）入口处绿地

入口处是单位形象的缩影。一般大门外两侧采用规则式种植，以树冠规整、耐修剪的常绿树为主，与大门形成强烈对比；或将乔灌木对植于大门两侧，衬托大门，强调入口空间。在入口对景位置可设计花坛、喷泉、假山、雕塑、树丛、树坛及影壁等。

大门外两侧绿地，应由规则式过渡到自然式，并与街道绿地中人行道绿化带结合。入口处及临街的围墙要通透，也可用攀缘植物绿化。

（2）办公楼绿地

办公楼绿地可分为楼前装饰性绿地、办公楼入口处绿地及办公楼周围基础绿地。

①楼前装饰性绿地　大门入口至办公楼前，根据空间和场地大小，往往规划成广场，供人流交通集散和停车，绿地位于广场两侧。若空间较大，也可在楼前设置装饰性绿地，两侧为集散和停车广场。大楼前的广场在满足人流、交通、停车等功能的前提下，可设置喷泉、假山、雕塑、花坛、树坛等；作为入口的对景，两侧可布置绿地。

②办公楼入口处绿地　一般结合台阶设花台或花坛，用球形或尖塔形的常绿树或耐修剪的花灌木对植于入口两侧，或用盆栽的苏铁、棕榈、南洋杉、鱼尾葵等摆放于大门两侧。

③办公楼周围基础绿地　位于楼与道路之间，既美化衬托建筑，又可隔离噪声，保证楼内安静，还是办公楼与楼前绿地的衔接过渡。绿化设计应简洁明快，绿篱围边，草坪铺底，栽植常绿树与花灌木，整体观之，低矮、开敞、整齐，富有装饰性。在建筑物的背阴面，要选择耐阴植物。为保证室内通风采光，高大乔木可栽植在距建筑物 5m 之外，为防日晒，也可于建筑山墙处结合行道树栽植高大乔木。

（3）庭园式休息绿地

如果机关单位内有较大面积的绿地，可设计成小游园。游园中以植物绿化、美化为主，结合道路、休闲广场布置水池、雕塑及花架、亭、桌椅凳等园林建筑小品，满足人们休息、观赏、散步。

（4）附属建筑绿地

机关单位附属建筑绿地指食堂、锅炉房、供变电室、车库、仓库、杂物堆放处等建筑及围墙内的绿地。这些地方的绿化首先要满足使用功能，如堆放垃圾，车辆停放，人流交通，供变电要求等；其次要对杂乱、不卫生、不美观之处进行遮蔽处理，用植物形成隔离带，阻挡视线，起卫生防护隔离和美化作用。

（5）道路绿地

道路绿地也是机关单位绿化的重点，它贯穿于机关单位各组成部分之间，起着交通、空间和景观联系和分隔的作用。道路绿化应根据道路及绿地宽度采用行道树及绿化带种植方式。机关单位道路较窄，建筑物之间空间较小，行道树应选择观赏性较强、分枝点较低、树冠较小的中小乔木，株距 3~5m。同时，也要处理好与各种管线之间的关系，行道树树种不宜繁杂。

项目 6　居住区绿地设计

学习目标

【知识目标】

(1) 了解居住区绿地设计的基本知识；

(2) 熟悉居住区用地组成、居住区绿地构成分类、居住区设计主要指标；

(3) 掌握居住区绿地设计的原则和方法；

(4) 能够结合不同类型的居住区绿地特点，深入理解居住区中不同绿地类型的设计要点。

【技能目标】

能够灵活运用居住区不同类型绿地的设计要点，进行居住区绿地设计，并合理配置植物。

【素质目标】

(1) 通过对居住区绿地有关知识资料的查阅、收集和总结，培养学生自主学习的能力；

(2) 通过任务的分析、实施、检查等步骤的实施，培养学生独立分析问题和解决实际问题的能力；

(3) 在任务的实施过程中，以小组合作的形式，培养学生团队意识和合作精神。

任务 6-1　别墅庭院设计

工作任务

【任务描述】

图 6-1 所示为某别墅庭院平面图，庭院面积为 5m×6m，要求设计方案保留庭院内原有的木质平台。请结合内部环境、服务对象、功能性质，确定庭院布局形式、主要树种等，完成一套完整的别墅庭院设计方案。要求立意明确，风格独特，体现别墅庭院设计特点，图纸绘制规范。

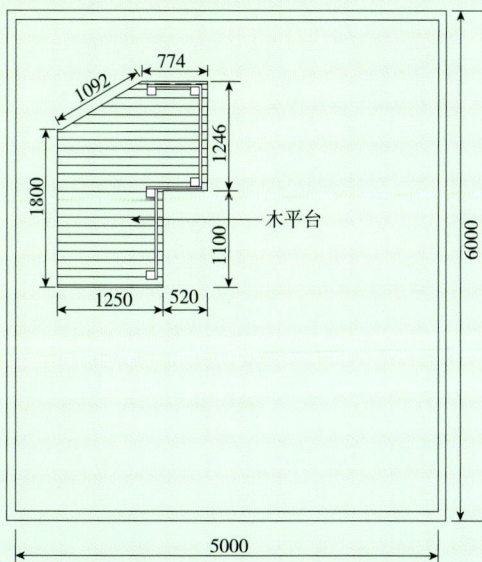

图 6-1　设计用地范围图

【任务分析】

本任务需要了解园林行业最前沿的设计思想和理念，具备创新发展的思路和创造能力。各小组讨论研究设计主题和风格，分工完成任务，通过前期对景观要素的学习，按设计要求将知识点运用到设计实践中。要求熟练掌握庭院的各种要素以及各要素之间的配置方法。方案表现部分应能熟练运用绘图软件进行设计和制图。

【工具材料】

草图纸，绘图笔，橡皮，安装 AutoCAD、SketchUp、Photoshop 软件的计算机等。

知识准备

庭院是一种内向的空间，私密性强，有很好的空间过渡，是建筑功能空间的外在延伸，其主要功能是为人们提供室外活动、休憩、锻炼、游赏的优美空间，或者通过托物言志来寄托主人的理想，在人们的建筑、造园等营造活动中发挥着重要作用。

别墅庭院要求在一定的别墅组群内或区域内有相对统一的外貌，与居住区的道路绿化、公共绿地的景观布置相协调。内部可根据业主的不同要求，在不影响各别墅庭院的外部绿化景观协调的前提下，灵活布置，形成各具特色的庭院设计。

因此，在设计前要对场地进行认真的踏勘，并且对庭院主人的要求和期望进行详细了解，包括所有家庭成员的年龄、职业、爱好、兴趣、习惯等，充分考虑他们的心理和行为需要，以便在设计方案中，能正确反映主人的期望与需求，并结合建筑风格以及整体环境进行设计。

1. 庭院风格

庭院风格与一个国家、地区的某一时期的建筑和园林风格紧密相关。地域、文化、传统、气候、民族等的不同也造成了东西方园林发展的不同，即使在东方，中国、日本的园林发展也都带有自己民族的特点。随着世界经济的高速发展，科技日益发达，文化交流和融合也愈加明显。在园林行业也有趋同的趋势，一些大的设计公司开始在世界范围内为各国造园进行设计，在为不同的国家地区进行设计的时候，风格的定位和文化的发掘都是首位的。下面阐述不同风格的庭院特点。

（1）**中国古典私家庭院**

中国古典私家庭院以江南私家园林为代表，如苏州的拙政园、留园、狮子林、网师园、沧浪亭、环秀山庄、怡园、耦园等，以及上海的豫园、扬州的个园、无锡的寄畅园等。江南园林作为一个完整的设计体系，它采用了诸多的造园手法，如平面的布局、空间的组织、意境的创造等。设计方面的主要特点包括立意与布局、空间序列、空间的延伸、渗透与层次、空间的含蓄、空间的对比 5 个方面。

①立意与布局　在古典造园中，人们通过园林这种形式来表达自身的情感。根据具体的时间与空间特征，真实的景象被转化为概念化的艺术形式。中国古典园林更加注重的是意境美，例如，网师园中的月到风来亭，其横匾曰"月到风来"，而对联则取唐代著名文学家韩愈的诗句"晚年秋将至，长月送风来"，在这里秋至赏月，对景品味匾联，确实可以感到一种盎然的诗意。

我国古代建筑的布局形式是，建筑物等均沿园的周边布置，所有建筑均背朝外而面向内，并由此而形成一个较大、较集中的庭院空间，该空间通常是以水面为中心，其向心和内聚的感觉分外强烈。

②空间序列　空间序列关系到庭院的整体结构和布局。庭院空间具有多空间、多视点和连续性变化等特点。

　　为了达到以小见大的目的，空间序列也并非是平面展开的。从城市的街道首先进入的是园林的建筑，往往几经曲折才进入园林的主体空间。这是空间上的抑扬顿挫，建筑在这里是过渡空间，它为豁然开朗打下了基础。

　　③空间的延伸、渗透与层次　空间的延伸对赋予有限的园林空间更为丰富的层次感具有重要的作用，空间的延伸意味着在空间序列的设计上突破场地的物质边界，它有效地丰富了场地与周边环境之间的空间关系，即"流动空间"。

　　④空间的含蓄　由于文化传统与审美趣味的差异，我国多倾向于用含蓄隐晦的方法使艺术作品引而不发、显而不露。江南园林的造园艺术每每采用欲显而隐或欲露而藏的手法把某些精彩的景观或藏于偏僻幽深之处，或隐于山石、树梢之间，避免开门见山、一览无余。

　　⑤空间的对比　沈复曾论及园林建造的艺术规律："以小见大，小中见大，虚中有实，实中有虚，或藏或露，或浅或深。"江南园林通过一系列的对比手法，在空间上产生变化，以有限面积创造无限空间。

　　（2）日本庭院

　　日本庭院受中国文化的影响很深，也可以说是中式庭院的一个精巧的微缩版本，景观中以一方庭院山水，而容千山万水景象。细节上的处理是日式庭院最精彩的地方，现在在国际上比较流行，对现代庭院的设计产生了积极的影响(图6-2)。

图6-2　日本枯山水园林

　　（3）西方庭院

　　西方美学思想的精髓是"唯理"，形式美法则的遵循在西方是比较普遍的。庭院的建设也遵循了这样的规律，所以西方庭院所体现的是人工美，不仅布局对称、规则、严谨，就连花草都修剪得整整齐齐，从而呈现出一种几何图案美。从现象上看，西方造园主要是立足于用人工方法改变其自然状态。庭院结构上主次分明、重点突出，各部分关系明确、肯定，边界和范围一目了然，空间序列段落分明，给人秩序井然和清晰明确的印象(图6-3)。

2. 庭院的布局形式

　　（1）规则式

　　规则式庭院在整体布局结构上较为对称、整齐，园路铺装、水体、花坛等的轮廓为方形、长方形、圆形、椭圆形或者几者的分割与组合。整个设计给人以规整、洁净、统一、温馨的感受。

　　（2）自然式

　　自然式庭院在整体布局结构上较自由、多变，园路铺装、水体、花坛等的轮廓多为曲线组成的不规则形状。整个设计给人以活泼、灵巧、变化、自然、自由的感受。

　　（3）混合式

　　混合式庭院是规则式和自然式的巧妙穿插和结合，园路铺装、水体、花坛等的轮廓变

图 6-3　西方庭院

化丰富。整个设计给人的感受是二者兼有，这也是现代庭院设计的主要形式。

3. 庭院设计原则

（1）与建筑风格一致的原则

在园林设计中，统一法则在一切形式美法则和艺术中都是首要的，可分为风格、形式、功能、线条、材料、质地、色彩等方面的统一，其中风格的统一又是首要的。具体来说，欧式的建筑要配欧式庭院景观，中式建筑要配中式庭院景观，古典建筑要配古典风格的庭院景观，现代建筑要配现代建筑庭院景观。

（2）私密性原则

私家庭院服务于业主及其家人、朋友，公共庭院服务于公共建筑使用者及相关人员，都要求其有较高的私密性，从空间角度来说就是其围合感强，这样的空间可以给予在其中休憩、交谈的人更大的安全感，人们可以放松身心，心灵更加自由和舒畅。

（3）休闲性原则

庭院的主要功能是休憩、休闲，设计时应考虑休闲的场地和设施，如桌椅、沙发、秋千，带有座椅的亭、花架等。除设施以外，还要有怡人的景色，比如青翠的植物形成的背景，姹紫嫣红的花卉的点缀，宁静的水池，陶钵、瓦罐、石头等装饰品，这些都有助于放松身心。

4. 别墅庭院的构成要素

1）铺地

中国古典园林铺地主要有青砖铺地、石块铺地、碎石铺地、卵石铺地等，通过材料自身的组合排列或者通过与瓦片、碎瓷片、碎玻璃的组合应用，做出很多纹饰和图案，比如青砖做成的席纹、人字纹、十字纹等，或者是碎料排列组合成的"五福添寿""松鹤延年""眼见耄耋"等具有美好期许和寓意的传统图案。日本园林铺地主要以白砂、石块、条石为材料进行散铺或者满铺。

现代园林铺地材料主要有各式石材、木板、透水砖、烧结砖、瓷砖、彩色混凝土、玻璃等。铺装样式与图案更注重与周围建筑和景观的契合，也更加强调色彩的搭配。

2) 水体

庭院中的水体多为小型的水池或者溪流，在西式庭院中，水池多为圆形、椭圆形、正方形、矩形或者几者的组合与变化的规则形状；在东方庭院中，水池多为不规则形状，溪流则是在蜿蜒中起承开合。

规则式水池多为静水，给人以平静的感觉(图 6-4)。自然式水池多采用自然石块做池岸，池中和岸边可种植水生和湿生植物，水中游鱼细石，可营造生机盎然的自然景象。

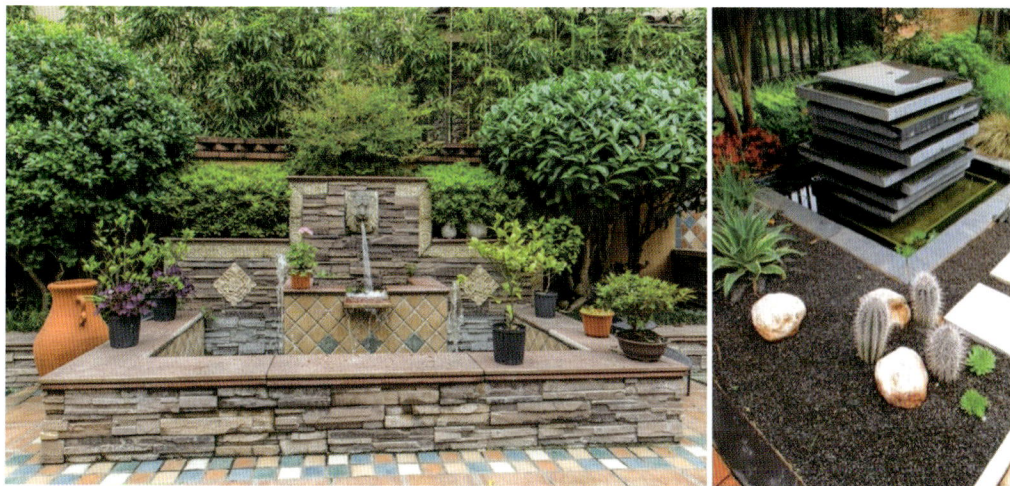

图 6-4　别墅庭院中的水池做法

3) 园林建筑小品

园林建筑小品主要有亭子、花架、景墙、院墙、院门等，限于庭院的面积和规模，园林建筑数量不宜太多，所以建筑自然也成为构成庭院主景的主要因素。在整个庭院构图中，建筑位于庭院的中心或者周边，但由于体量、高度、色彩的缘故，其往往成为构图中心。

①亭　根据庭院风格和定位，选用合适的材质和亭的样式。防腐木或其他木质材料是亭的首选材料。亭的风格可分为古典和现代两种，也可带有一定的地域特色。

②花架　在庭院中主要作为攀缘植物的骨架和支撑，可种植紫藤、凌霄、木香、蔷薇等观花植物(图 6-5)，也可供葫芦、南瓜、丝瓜、苦瓜等观果植物攀缘，架下空间夏季阴凉，形成很好的活动场所。

③景墙　景墙在庭院中起到划分空间、遮挡视线的作用，中国传统院落的影壁即是景墙的一种，且其本身具有一定的观赏性，可与水、植物、置石、书法和雕刻等结合形成更富有观赏性和文化内涵的景观。

④院墙　随着社会文明的发展，院墙不再出于安全和防卫的目的而建造成高大的实墙，其高度一般在 1~2m，且多虚实结合、形制多变，或墙或栏杆或墙、栏结合(图 6-6)，有的甚至为篱笆。

图 6-5　别墅庭院中的花架

图 6-6　别墅庭院四周围合栏杆

⑤院门　在现代庭院设计中，院门已经高度园林化，成为庭院景观的第一道风景，最常见的形式为两根柱子，中间一道铁艺或者木艺的大门。柱子多用石材垒砌或石材贴面，上面安装壁灯作装饰，柱顶可安放花钵或者花架。

⑥小品及其他装饰　花坛是庭院种植的一种重要形式，可以用砖、石砌筑，砖墙上多贴石材、瓷砖，石头砌筑后对缝隙进行凹缝、平缝、凸缝处理。花坛形状多为规则形状，如长方形、正方形、圆形、椭圆形。花坛高度一般在 300~500mm，边缘可以坐人、放置物品。

花钵是庭院立体装饰的重要手法，放置于空地、墙顶、柱顶、入口两侧、水池边等位置，常见材质有陶、花岗岩、砂岩、玻璃钢、防腐木等，其中陶钵因其古朴自然、造型多变、艺术气息浓厚而被大量采用。

⑦景观置石　置石是庭院装饰常用的方法之一。在中国古典园林体系中，置石应用极其普遍，中国古典园林多用太湖石、黄石、笋石堆砌各式假山、驳岸，或结合建筑、植物点景和组景。在现代庭院设计中，置石的应用更加自由、多样和灵活，在集成古人方法技巧的基础上，融入了现代的组景方法，甚至人为地将石材切割、雕刻后应用(图 6-7)。

⑧桌椅、遮阳伞　庭院空间内，桌椅是人们休息、喝茶、阅读、听音乐、打牌、交流的主要设施(图 6-8)。

根据材质不同，有石材、木材、金属、玻璃、塑料等类别，风格样式多样，应根据庭院的整体风格和业主要求进行选择。在我国多用石桌椅，优点是古朴自然、结实耐用，各种天气情况下均可置于室外。在西方多用木质长桌和配套坐凳，上面还要铺上一层台布，

图 6-7　别墅庭院内景观置石

图 6-8　别墅庭院内休闲桌椅

但需要经常维护和打理。

⑨雕塑类装饰品　在现代园林中应用较多的是表达地域文化的装饰雕塑，以及用以点缀空间、造型多样的装饰品。如日本园林最具代表性和符号化的传统园林元素——水钵和石灯笼。

⑩灯饰　灯饰有壁灯（安装于柱子及墙壁）、庭院灯、草坪灯、水景灯、地灯、投光灯等。风格有中式、欧式、古典式、现代式、典雅式、古朴式等。

4) 植物

尽量不用带刺、有毒、飞毛等的植物。在住宅庭院中尽量避免使用松柏类植物，多选择有芳香、能净化空气和被人们赋予美好寓意的植物。应注重乔木、灌木、花卉、草坪地被植物的合理搭配（图6-9）。

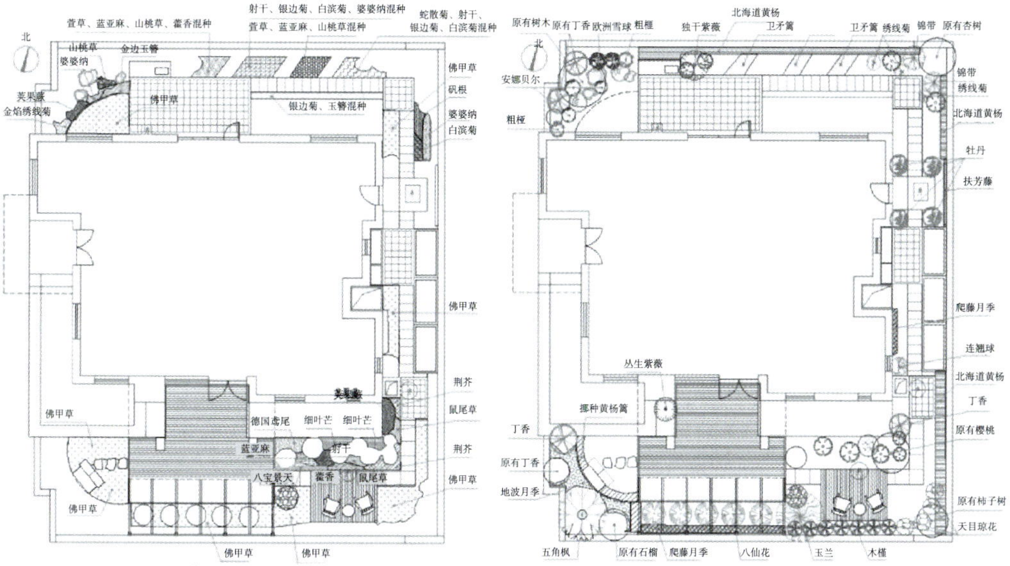

花草配置平面图　　　　乔灌木配置平面图

图6-9　别墅庭院种植设计平面图

应注重植物的季节性和时序，尽量保证三季或四季有花，同时要兼顾"春花、夏荫、秋色、冬茂"，也可通过植物配置形成景观。

应注重植物意境的创作，例如，江南古典庭院常用的"玉堂春富贵"植物搭配，就是通过玉兰、海棠、迎春花、牡丹来表达美好的寓意。此外还有以松柏来寓意常青、经冬不凋的坚强和忍耐，以竹子表达虚心、有节、坚韧、厚积薄发等，以梅花表达冒雪盛开、冷艳高洁以及零落成泥碾作尘后香如故的品格。

5. 别墅庭院的空间组织

（1）分隔

一些公共庭院空间尺度较大，超出了人的空间知觉距离中"亲切"的尺度，往往需要将较大的空间分隔为几个较小的空间。对空间的分隔不应破坏空间的整体性。分隔而得到的空间不应封闭独立，而是应该互相沟通，总体上仍融为一体。因此，对庭院空间的分割多采用一些通透性较强的空间限定要素，如柱廊、小品、植物、水体等。另外，对庭院空间的分隔还可以采用铺地的变化、转换地坪标高、利用局部顶界面等方法，这样既能起到空间界定作用，又能保持空间的完整性。

（2）过渡

一些庭院空间周围围合的建筑物尺度过于庞大，对庭院空间产生了压迫感。这就需要在建筑体量和人之间进行空间尺度上的过渡和转换，增加一个与人的尺度相和谐的空间层次。这样，人在庭院中主要感受到的将是这一过渡层次上的空间尺度，而巨大的建筑物则被弱化而成为背景。空间的过渡与转换可通过小品、植物、水体等来实现，如一些低层的连廊、花架，以及供人小憩的树荫等。这些实体要素应对周围的建筑物有所遮挡，以弱化其不利的空间影响。

（3）曲折

这种方法的运用体现在庭院中，主要是通过廊、桥、墙等要素的迂回转折处理使路径变长，产生空间的深度。在转折之处可以做适当的遮挡，使空间显得更加含蓄，从而在有限的空间内获得以小见大、无限深远的空间感。

（4）映射

映射是一种通过镜面反射而创造出虚幻的空间效果的手法。庭院中比较常见的是在底界面上运用静谧的水面而将天空和周围景物反射出来，使原来封闭和实体性的底界面虚幻地"开敞"了。映射手法还可以使庭院空间在视觉上产生空间扩大的感觉，被映射出的景物无形中丰富了空间层次。

🍃 任务实施

1. 分组讨论

组建学习小组，确定小组组长共同讨论别墅庭院设计的主要风格和主题，以及在项目实施过程中主要的分工，并填写表 6-1。

表 6-1　分工情况

小组名称		工作任务	别墅庭院设计	组长	
任务分工		成员		分工	

2. 设计构思

根据设计用地范围图，分析场地图和设计指标要求，最终完成一套 A3 幅面的图纸。

要求：

(1)设计一个出入口，布局合理，交通流线清晰；

(2)合理运用地形、水体、植物、景观小品等景观设计要素；

(3)构思新颖，能充分反映时代特点，具有独创性、经济性和可行性；

(4)注意乔灌草的合理配置；

(5)设计需满足以人为本的基本理念，符合人体工程学要求；

(6)图面表达清晰美观并符合园林制图规范，设计应符合国家现行相关法律法规。

3. 设计方案

对基础平面图按照设计比例要求方法，作为底图。确定设计方案，根据设计指标进行研讨，反复修改，最终确定设计方案。按照设计要求，最终完成方案排版图纸。

设计指标要求：铺装面积不大于总面积的20%；水体面积不大于总面积的18%；建筑或小品(景墙或花坛等)占地面积不大于总面积的4%；植物的种类不少于7种。

内容至少包括：鸟瞰图1张；总平面图1张；立面图1张；设计说明(不超过300字)。

考核评价

姓名		工作任务	别墅庭院设计							
序号	考核项目	考核内容	等级				分值			
			A	B	C	D	A	B	C	D
1	工作态度	工作认真，积极主动，操作仔细，记录认真	好	较好	一般	较差	10	8	6	4
2	设计内容	设计科学合理，符合绿地设计的基本原则，具有可达性、功能性、亲和性、系统性和艺术性	好	较好	一般	较差	20	16	12	8
3	综合应用能力	结合环境综合考虑，满足功能和创造优美环境，通过植物配置创造四季景观，同时充分考虑到植物的生态习性和对种植环境的要求	好	较好	一般	较差	30	25	15	10
4	实训成果	设计图纸规范，内容完整、真实，具有可行性，独立按时完成	好	较好	一般	较差	25	20	15	8
5	能力创新	表现突出，内容完整，立意创新	好	较好	一般	较差	15	10	8	4
合计得分										

任务 6-2　居住区绿地设计

工作任务

【任务描述】

　　如图 6-10 所示的居住区地处苏州园区湖东，占地面积 13hm^2、建筑面积 400 000m^2，位于现代大道北，琉璃街东，东沙湖路南，某未名河西侧，与九龙仓时代上城小区以两座桥相连，周边紧邻铂乐府、万科玲珑东区，附近有东沙湖学校、永旺梦乐城、东沙湖生态公园等城市配套设施。项目拟打造成园区湖东大型的公园式国际居住社区。

图 6-10　居住区平面图

本次设计要求在基地现状全面分析的基础上，围绕人性化、地域化、生态化等进行合理定位并设计，提出能体现学科先进思想、理论和技术手段的，优美舒适的，有创造性的设计方案。

【任务分析】

根据设计用地范围图、分析场地图和设计指标要求，明确居住区中心绿地、组团绿地、宅旁绿地等的定义，了解居住区绿地的特点及其区别于其他绿地的方面，确定学习任务小组分工，明确任务，制订任务计划，最终完成一套完整的设计图纸。

【工具材料】

草图纸，绘图笔，橡皮，安装 AutoCAD、SketchUp、Photoshop 软件的计算机等。

知识准备

居住区绿地是人们使用频率最高的绿地，是人们日常生活环境中的重要部分，一般占城市总用地面积的 35% 左右，其绿地使用率是其他类型绿地的 5~10 倍。居住区绿化的优劣，直接影响到居民的生活质量和一个城市的生态环境。居住区绿地是决定一个城市环境质量好坏的主要园林绿地类型。实践证明，做好居住区绿化是提高城市环境质量的有效途径。经济的蓬勃发展，个人收入的增加，人们对居住区绿化的要求越来越高，楼盘如果没有好的绿化，是很难被消费者认可的。正因如此，各发展商纷纷投巨资做好居住区绿化，以期在竞争中占有一席之地。在这种背景下，居住区绿化得到了长足的发展，居住区绿化的设计与研究也变得越来越重要。学习和掌握居住区的基本知识和设计规范，对于更好地创造人居环境发挥着重要的作用。

1. 居住区基本知识

1) 居住区的概念

从广义上讲，居住区是人类聚居的区域；从狭义上讲，居住区是指由城市主要道路所包围的独立的生活居住地段。一般在居住区内应设置比较完整的日常性和经常性的生活和服务设施，这些生活性、服务性设施能够满足人们的基本物质及文化生活需要。

2) 居住区的结构模式

居住区结构模式可分为居住区—居住小区—居住组团、居住区—居住组团、居住区—街坊 3 种形式，其中各组分含义如下：

（1）**居住区**

居住区是具有一定规模的居民聚居地，它为居民提供生活空间和各种设施，一般由若干个居住小区和住宅组团构成。

（2）**居住小区**

居住小区由若干个居住组团组成，居住人口一般为 8000~10 000 人，同时配备公共服务设施，如学校、幼儿园、居民委员会及商业服务设施等，能够形成一个安全、安静、优美的居住环境。

（3）居住组团

居住组团一般指被小区道路分割，配建有居民所需的基层公共服务设施的生活聚居地，居住人口一般为 1000～3000 人。

（4）街坊

街坊是城市干道或居住区道路划分的建筑地块，面积一般为 4～6hm^2，用于建造住房、公共服务设施和其他建筑。

3）居住区用地组成

（1）住宅用地

住宅用地是指住宅建筑基地占有的用地及其周围的一些空地，其中包括通向住宅入口的小路、宅旁绿地和家务院。

（2）公共服务设施用地

公共服务设施用地是指居住区级、居住小区级或街坊内各类公共服务设施建筑物基底占有的用地及其四周的用地，包括道路、场地、绿化用地。

（3）道路用地

道路用地是指居住区内各级道路的用地，包括道路、回车场和停车场用地。

（4）公共绿地

公共绿地是指能够满足规定的日照要求、适合于安排游憩活动设施以供居民共享的游憩绿地。

（5）其他用地

其他用地包括小工厂和作坊用地、市级公共设施用地、企业单位用地、防护用地等。

2. 居住区绿地基本知识

1）居住区绿地的概念

居住区绿地是居住区环境的主要组成部分，一般指在居住小区或居住区范围内，住宅建筑、公建设施和道路用地以外布置绿化、园林建筑和园林小品，为居民提供游憩活动场地的用地，占居住区生活用地的 25%～30%。

2）居住区绿地的功能

（1）生态功能

居住区绿地以植物为主体，在净化空气、减少尘埃、吸收噪声等方面起着重要作用。绿地能有效改善居住区建筑环境的小气候，包括遮阳降温、调节湿度、降低风速，在炎夏静风状态下，绿化能促进由辐射温差产生的微风环流的形成。

（2）景观功能

居住区绿地是形成居住区建筑通风、日照、采光、防护隔离、视觉景观空间等的环境基础。富有生机的园林植物作为居住区绿地的主要构成材料，能绿化美化环境，使居住区建筑更显生动活泼，起到"佳则收之，俗则屏之"的作用。

（3）服务功能

居住区公共绿地在发生地震、火灾时，有防灾避难的作用，绿色植物还能过滤、吸收放射性物质，有利于保护人们的身体健康。良好的绿化环境能吸引居民到户外活动，使不同人群各得其乐，能在就近的绿地中游憩、活动，欣赏美景，振奋精神，可创造良好的户外环境，形成良好的心理效应。

3）居住区绿地构成分类

（1）公共绿地

①居住区公园　为全居住区居民就近使用，面积较大，相当于城市小型公园。步行到居住区公园约 10min 的路程，服务半径以 800~1000m 为宜。

②居住区中心绿地（中心游园）　为全居住区居民就近使用，与居住区建筑结合布置，服务半径一般以 400~500m 为宜。

③居住区组团绿地　结合住宅组团布置，面积在 1000m² 左右，距住宅入口 100m 左右。

（2）专用绿地

专用绿地又称公共服务设施所属绿地指居住区内各类公共建筑和公用设施的环境绿地，如俱乐部、影剧院、医院、学校、幼儿园等用地的绿化，其绿化布置要满足公共建筑和公用设施的功能和要求，并考虑与周围环境的关系。

（3）道路绿地

道路两侧或单侧的道路绿化用地，根据道路的分级、地形和交通情况等的不同进行布置。

（4）宅旁绿地和庭院绿地

宅旁绿地和庭院绿地指居住建筑四周的绿化用地，可满足居民日常休息、观赏、家庭活动和杂务等需要。

4）居住区绿地设计主要指标

（1）绿地率

绿地率是居住区用地范围内各类绿地的总和占居住区用地的比率。绿地包括公共绿地、宅旁绿地、公共服务设施所属绿地和道路绿地（即道路红线内的绿地），不包括屋顶、晒台的人工绿地。新建居住区绿地率>30%，旧区改造绿地率>25%。

（2）绿地覆盖率

绿地覆盖率包括居住区用地上栽植的全部乔灌木的垂直投影面积，以及花卉、草坪地被植物的覆盖面积，以居住区总面积的百分比表示，反映居住区绿地的数量水平。

（3）容积率

容积率又称建筑面积毛密度，是住宅建筑面积总和与于居住用地面积的比值，单位为万 m²/hm²。它反映土地利用的程度，是城市土地开发强度控制的重要经济技术指标。

（4）居住区内公共绿地人均指标

用居住区内人均占有面积表示，单位为 $m^2/$ 人。它反映居住区绿地的数量水平。

5) 居住区绿地设计原则

（1）系统性原则

居住区绿地设计应将绿地的构成元素、周围建筑的功能特点、居民的行为心理需求和当地的文化艺术元素等综合考虑，多层次、多功能布局，形成一个具有完整性的系统，为居民创造优美舒适的生活环境。

从居住区景观的总体设计要求出发，合理处理绿化空间和建筑物之间的关系，使二者协调统一，融为一体。在绿化上将点、线、面相结合，保持绿化空间的延续性，营造出宜居惬意的环境。

（2）可达性原则

居住区公共绿地应设置在居民经常经过并且能够方便到达的地方。同时，强调绿地中无障碍设施的重要性，在保证安全的同时，满足所有居民的需求。

（3）亲和性原则

居住区绿地尤其是中心游园，受居住区用地限制，一般规模不大，在设计中必须要掌握好绿化和公共设施的尺度，使之符合人体尺度并方便使用。

（4）实用性原则

居住区绿地不仅要具备一定的观赏性，还要满足人们的使用需求，在空间和细节处理上要体现人性化，使不同绿地空间能够充分为居民服务。

3. 居住区绿地设计流程

（1）居住区所在地的自然条件调查

包括气象、土壤、地形、水系、植被等方面。

（2）居住区所在地的社会条件调查

包括居住区的设计要求；将要入住居民的年龄结构、习俗与爱好；居住区用地与城市交通的关系；居住区所在的历史、人文背景。

（3）居住区用地现状及地形图、规划图、详细设计所需的测量图

（4）调查资料的分析整理

在客观记录居住区基地情况的基础上，主观分析评述居住区的绿地设计思想、绿化风格等。

4. 居住区绿地设计方法

1) 居住区中心绿地设计方法

（1）布局形式

居住区中心绿地平面布局形式不拘一格，总体来说，应采用简洁明了、内部空间开敞明亮的格局。对于用地规模较小的居住区，采用规则式、自然式或混合式的平面布局，易

图 6-11　规则式绿地平面图

图 6-12　自然式绿地效果图

取得较理想的效果(图 6-11、图 6-12),采用变化有致的几何图形来构成平面,结合地形竖向变化,形成简洁明快、活泼多变的中心绿地环境。对于用地规模较大的居住区采用自然式或混合式的布局形式比较多。

(2)**设计要点**

居住区中心绿地是居住区中最重要的公共绿地,相对于居住区公园而言,利用率较高,更能有效地为居民服务。因此,在居住区总体设计中,为使居民就近方便到达,一般把中心绿地布局在居住区较适中的位置,并尽可能与小区公共活动中心和商业服务中心结合起来布置,使居民的游憩活动和日常生活自然结合。

居住区中心绿地内部布局形式可灵活多样,但必须协调好中心绿地与其周围居住区环境间的相互关系，包括中心绿地出入口与居住区道路的合理连接，中心绿地与居住区活动中心、商业服务中心以及文化活动广场之间既相对独立又相互联系的关系，绿化景观与居住区其他开放空间绿化景观的联系协调等。

适当布置园林建筑小品，丰富绿地景观，增加游憩趣味，既起到点景作用，又为居民提供停留休息观赏的场所，其造型应轻巧，体量宜小不宜大。一般可设置游憩锻炼活动场、儿童游戏场及其他简单的设施，并布置花坛、水池、花架、廊、亭等。

2) 组团绿地设计方法

组团绿地是邻近住宅的公共绿地，通常结合居住区内住宅建筑位置进行布置，为组团内居民提供室外活动、邻里交往、儿童游戏、老人聚集等室外条件。有的小区不设中心游园，而以分散在各组团内的绿地、道路绿化、专用绿地等形成小区的绿地空间。

（1）布局形式

①开放式　居民可以自由进入绿地内休息活动。开放式形式的组团绿地是目前居住区设计中最常用的形式。

②封闭式　组团绿地被绿篱、栏杆所隔离，其中主要是以草坪和乔灌草搭配的花坛进行隔离，不设置居民可进入的活动场所。因为该种组团绿地空间使用率为零，所以在组团绿地设计中较少采用。

③半开放式　绿地以绿篱或栏杆与周围的交通性和活动性空间进行隔离。设置较少的交通性出入口，不是居民使用的主要组团绿地类型。

（2）设计要点

①组团绿地的位置需要结合居住区交通流线、主出入口位置和功能分区考虑。

②组团绿地内的绿化面积须达到50%以上，开放式组团绿地需保障居民有足够的休憩和活动空间。

3) 宅旁绿地设计方法

宅旁绿地是住宅四周及庭院内的绿地，是住宅区绿化的最基本单元，与居民最近，是居住区居民休憩停留的重要空间。宅旁绿地是住宅内部空间的延续，与居民日常的生活息息相关，结合居住区中的其他绿地类型，有助于居民开展家务活动、邻里交往。可以在较大程度上缓解现代城市单元楼之间的疏离感，协调以家庭为单位的社会性交往活动。

🍃 任务实施

1. 现场踏勘

以分组的形式，每组2~3人，携带简单的测量、制图工具，通过现场踏勘了解基地周边及基地内部情况，并填写表6-2、表6-3。

要求每组完成一份调研报告，可以是 Word、PPT 等形式，手绘或计算机绘制分析图。

表 6-2　分工情况

小组名称		工作任务	居住区绿地设计	组长	
调研任务分工	成员		分工		

表 6-3　居住区区位及基地现状情况

小组名称			组长	
区位分析	规划定位及总体要求			
	自然环境条件			
	区域环境			
	历史文化条件			
	交通条件			
现状分析	工程范围和工程规模			
	场地地形地貌特征			
	场地内水体情况			
	场地道路			
	现有植被构成及分布状况			
SWOT 分析	存在问题和劣势			
	项目设计的挑战和机遇			

2. 案例分析

　　每人选取国内外优秀居住区宅旁绿地设计案例进行研究分析，并以 PPT 等形式进行汇报，然后对其进行评价(表 6-4)。

表 6-4　居住区宅旁绿地案例分析评价表

姓名		学号		班级		总分	
1. 条件分析与案例选择(每项 5 分，共 15 分)						评分	
基地条件分析合理							
条件问题指向明确							
案例选取得当							

（续）

	评分
2. 案例资料收集(每项 5 分，共 10 分)	评分
项目背景及其环境(业主)条件有所交代	
实景图像与必要的图纸资料清晰可读	
3. 案例分析与总结(每项 10 分，共 50 分)	评分
能找到符合要求的案例	
对所用案例进行简明全面的介绍	
对案例的相关条件进行充分分析，提出自己的评价和理解	
对案例说明问题做出有序总结	
能提出有利于下一步方案设计的启发性要点	
4. 图面表达与编排(每项 5 分，共 15 分)	评分
分析图表达清晰，可读性强	
PPT 内容前后条理性强	
画面构图均衡，文字编排适宜	
5. 现场汇报与互动(每项 5 分，共 10 分)	评分
内容组织连贯，讲述条理性强	
口头表达能力强，与听众有良好的沟通和互动	

3. 设计构思

根据任务描述和任务分析，完成居住区绿地设计的整体立意构思，确定绿地的风格、形式和内容。

4. 设计方案

根据居住区绿地设计原则，结合现场基地现状和任务要求，围绕设计主题立意，采用一定风格的设计形式，对居住区内不同类型的绿地进行合理设计。

5. 图纸绘制

按照设计要求，分组完成一个完整的居住区绿地设计，包括前期分析、方案设计、方案分析等，可手绘或计算机出图，并填写表 6-5。

图纸要求为 A1 图纸，内容包括：

(1)平面布局与相关专项设计图(除特殊注明，其他比例不限)

中心绿地平面图、鸟瞰图、功能分区图、道路规划图、竖向设计图、种植设计平面图、其他与设计意图表达相关图纸。

(2)详细设计图

重点局部放大平面图(选中心绿地中两处重要节点绘制详细设计图，比例为 1 ：100)、节点透视图 3 张、不同方向剖面图 2 张。

表 6-5　居住区宅旁绿地设计学生互评表

姓名		学号		班级		总分	
阶段	图纸要求					分值	评分
一草	区域分析、基地位置与周边关系、理念、功能分区、流线、初步方案					20	
二草	设计方案进行深化、立面、剖面图的绘制					20	
三草	接近成图。要求确定尺寸比例，结构，平面、立面、剖面等，进行细部完善					20	
成图	两张 A1 图纸					40	

📋 考核评价

姓名		工作任务	×××居住区宅旁绿地设计							
序号	考核项目	考核标准	考核等级				等级分值			
			A	B	C	D	A	B	C	D
1	态度	工作认真，积极主动，操作仔细，记录认真	好	较好	一般	较差	10	8	6	4
2	设计内容	设计科学合理，符合绿地设计的基本原则，具有可达性、功能性、亲和性、系统性和艺术性	好	较好	一般	较差	20	16	12	8
3	综合应用能力	结合环境综合考虑，满足功能和创造优美环境，通过植物配置创造四季景观，同时充分考虑到植物的生态习性和对种植环境的要求	好	较好	一般	较差	30	25	15	10
4	实训成果	设计图纸规范，内容完整、真实，具有可行性，独立按时完成	好	较好	一般	较差	25	20	15	8
5	能力创新	表现突出，内容完整，立意创新	好	较好	一般	较差	15	10	8	4
合计得分										

知识拓展

1. 居住区绿地定额指标

人均绿地面积是衡量城市现代文明的标志之一。联合国要求城市居民每人应有 $60m^2$ 绿地。由于各国发展水平和自然条件不同，多数城市的人均绿地不足 $20m^2$。目前我国要求以旅游业为主的城市，人均绿地要达到 $20\sim30m^2$，以工业生产为主的城市不少于 $10m^2/$人。在既要发展城市经济，又要控制城市用地的条件下，建筑物逐渐向空中和地下延伸，以调整出更多的土地用于绿地建设。

随着经济发展和人们环境意识的提高，绿地建设和保护越来越受到重视，特别在工业污染已危及居民生活的地方，绿地建设的投入逐年扩大。根据城市发展规划，要分阶段提出人均占有绿地的指标。

1980 年国家基本建设委员会颁发的《城市规划定额指标暂行规定》中确定，居住区公共绿地定额指标平均每个居民为 $2\sim4m^2$，其中居住区级公共绿地与居住小区级公共绿地均为 $1\sim2m^2$/人。国家确定了居住区绿化的法定指标，以保证居民对公共绿地的最低需要，在居住区规划中普遍注意了这一指标的实施，使绿化也成为居住区配套建设的重要内容，把居住区建成花草树木繁茂的风景区，使居住区披上绿装。

居住区公共绿地在一定程度上反映绿化情况，但并不完全反映出居住区绿化的水平，有的居住区附近有公园，在住宅区内就不另设公共绿地，其指标即为 0，但并不等于绿化不好。在评价居住区绿化水平中有的学者认为，为了使居住区的绿化水平能在居住区规划和建设中得以如实地反映，根据各居住区绿化的分类，可以有 3 个指标来表示。

①居住区内公共绿地人均指标　包括公共花园、儿童游戏场、道路交叉口绿地、广场花坛等以花园形式布置的绿地，用居住区内人均占有面积(m^2/人)表示，反映居住区的绿化水平。

②一般绿地人均指标　即宅旁绿地、公共建筑绿地、临街绿地、结合河流山丘的成带、成片绿地，以及其他设在居住区内的苗圃、花圃、果园等。也就是除公共绿地以外，被树木花草覆盖的地面，以人均占有面积(m^2/人)表示，反映居住区绿地的数量水平。

③覆盖率　包括居住区用地上栽植的全部乔灌木的垂直投影面积，以及花卉、草皮等地被植物的覆盖面积，以居住区总面积的百分比表示，反映居住区绿化的环境保护效果。

2. 居住区阳台、窗台和墙面绿化

1) 阳台、窗台绿化

(1) 阳台绿化设计

阳台绿化设计应按建筑立面的总设计要求考虑。西侧阳台夏季西晒严重，采用平行垂直绿化较适宜。植物可形成绿色帘幕，遮挡烈日直射，起到隔热降温的作用，使阳台形成清凉舒适的小环境。在朝向较好的阳台，可采用平行水平绿化。为了不影响生活使用要求，应根据具体条件选择适合的构图形式和植物材料，如选择落叶的攀缘植物，不影响室内采光；栽培管理条件好的可采用观花观果的植物，如金银花、葡萄等。

(2) 窗台绿化设计

窗台绿化是建筑立面美化的组成部分，也是建筑纵向与横向绿化空间序列的一部分，多采用盆栽的形式进行管理和更换。一般根据窗台的大小，考虑放置容器的安全问题；窗台处一般日照充足，可选择叶片茂盛、花美色艳、质感能形成对比、喜光耐旱的植物。

2)墙面绿化

墙面绿化是垂直绿化的主要形式，是利用具有吸附、缠绕等攀缘特性的植物绿化建筑墙面的绿化形式。居住区建筑密集，墙面绿化对居住环境质量的改善十分重要。

墙面绿化要根据居住区的自然条件、墙面材料和墙面朝向等选择适宜的植物材料。

（1）自然条件

建筑物墙面绿化需要考虑土壤条件，通常使用的栽培基质有自然土壤、改良土壤和栽培基质。与此同时，植物的选取也应根据当地的气候特点，交替种植植物，从而达到理想的景观效果。

（2）墙面材料

常用木架、金属丝网等辅助植物攀缘在墙面，经人工修剪，将枝条牵引到木架、金属网上，使墙面得到绿化。

（3）墙面朝向

墙面朝向不同，适宜采用的植物材料不同。例如，朝南墙面可选择爬山虎、凌霄等；朝北的墙面可选择常春藤、薜荔、扶芳藤等。

🍃 巩固训练

居住区改造设计——宅旁绿地规划

1)地块设计要求

项目现状如图 6-13 所示，请对原有居住区地块现代设计风格进行改造，设计传统韵味浓郁，或纯正或兼具时代感的居住区风格，并强调以人为本、地域特色、文化感强、环境优美、适合休闲等要求，也使得居住区宅旁绿地规划设计具有一定的创新性成为当地的居住区典范。

2)成果要求

包括设计说明、设计图纸及其电子文件。

图纸要求为 A1 幅面排版，内容包括：

（1）总体布局与相关专项设计图（除特殊注明， 其他比例不限）

①宅旁绿地平面图；

②鸟瞰图；

③功能分区图；

④道路规划图；

⑤竖向设计图；

⑥植物种植平面图；

⑦其他与设计意图表达紧密相关的图。

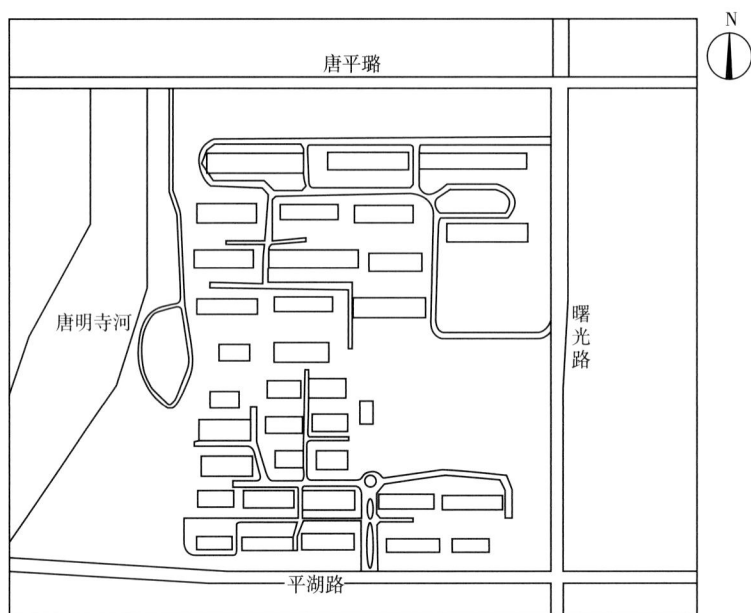

图 6-13　某居住区平面图

（2）详细设计图

①重点局部放大平面图：2 个，选两处具有特色性或重要性的宅旁绿地位置区域，比例为 1：100；

②重要节点透视图或园林建设设计图：3 个；

③剖面图：2 个。

参考文献

Landscape Design 杂志社，2001. 日本最新景观设计[M]. 大连：辽宁科技出版社.

艾伦·泰特，2005. 城市公园设计[M]. 周玉鹏，肖季川，朱清模，译. 北京：中国建筑工业出版社.

北京北林地景园林规划设计院有限责任公司，2002. 城市绿地分类标准：CJJ/T 85—2002[S]. 北京：中国建筑工业出版社.

北京市园林局，2009. 公园设计规范：CJJ 48—92[S]. 北京：中国建筑工业出版社.

程奕智，2015. 居住区景观设计[M]. 常文心，杨莉，译. 沈阳：辽宁科学技术出版社.

董晓华，2005. 园林规划设计[M]. 北京：高等教育出版社.

董晓华，周际，2021. 园林规划设计[M]. 北京：高等教育出版社.

樊俊喜，刘新燕，2016. 园林规划设计[M]. 咸阳：西北农林科技大学出版社.

封云，林磊，2004. 公园绿地规划设计[M]. 北京：中国林业出版社.

胡长龙，2004. 城市园林绿化设计[M]. 上海：上海科学技术出版社.

胡长龙，2010. 园林规划设计[M]. 3 版. 北京：中国农业出版社.

黄东兵，2001. 园林绿地规划设计[M]. 北京：高等教育出版社.

黄丽霞，马静，2017. 园林规划设计实训指导[M]. 上海：上海交通大学出版社.

贾建中，2001. 城市绿地规划设计[M]. 北京：中国林业出版社.

李铮生，2006. 城市园林绿地规划与设计[M]. 2 版. 北京：中国建筑工业出版社.

梁永基，王莲清，2001. 居住区园林绿地设计[M]. 北京：中国林业出版社.

刘丽雅，2017. 居住区景观设计[M]. 重庆：重庆大学出版社.

刘彦红，刘永东，陈娟，2020. 居住区景观设计[M]. 武汉：武汉大学出版社.

刘洋，李宛泽，高婷，2015. 园林规划设计[M]. 延吉：延边大学出版社.

卢新海，2005. 园林规划设计[M]. 北京：化学工业出版社.

时国珍，2005. 东方园林杯中国优秀住区环境设计经典[M]. 北京：中国城市出版社.

谭晖，2011. 城市公园景观设计[M]. 重庆：西南师范大学出版社.

唐学山，2001. 园林设计[M]. 北京：中国林业出版社.

王浩，2009. 园林规划设计[M]. 南京：东南大学出版社.

王浩，谷康，孙新旺，2003. 道路绿地景观规划设计[M]. 南京：东南大学出版社.

王晓俊，2000. 风景园林设计[M]. 南京：江苏科学技术出版社.

王振超，胡继光，夏冰，2014. 园林设计[M]. 北京：中国轻工业出版社.

徐进，2013. 居住区景观设计[M]. 武汉：武汉理工大学出版社.

许冲勇，翁殊斐，2005. 城市道路绿地景观[M]. 乌鲁木齐：新疆科学技术出版社.

扬向青，2004. 园林规划设计[M]. 南京：东南大学出版社.

赵建民，2015. 园林规划设计[M]. 3 版. 北京：中国农业出版社.

赵宇主，2011. 城市广场与街道景观设计[M]. 重庆：西南师范大学出版社.

中国城市规划设计研究院，1990. 城市用地分类与规划建设用地标准：GBJ 137—90[S]. 北京：中国建筑工业出版社.

中国城市规划设计研究院，1997. 城市道路绿化规划与设计规范：CJJ 75—97[S]. 北京：中国建筑工业出版社.

中华人民共和国住房和城乡建设部，国家市场监督管理总局，2018. 城市居住区规划设计规范：GB 50180—2018[S]. 北京：中国建筑工业出版社.

周初梅，2006. 园林规划设计[M]. 重庆：重庆大学出版社.

周军，2016. 园林规划设计（高职本）[M]. 北京：中国农业出版社.

庄晨辉，2009. 城市公园[M]. 北京：中国林业出版社.